格局决定结局

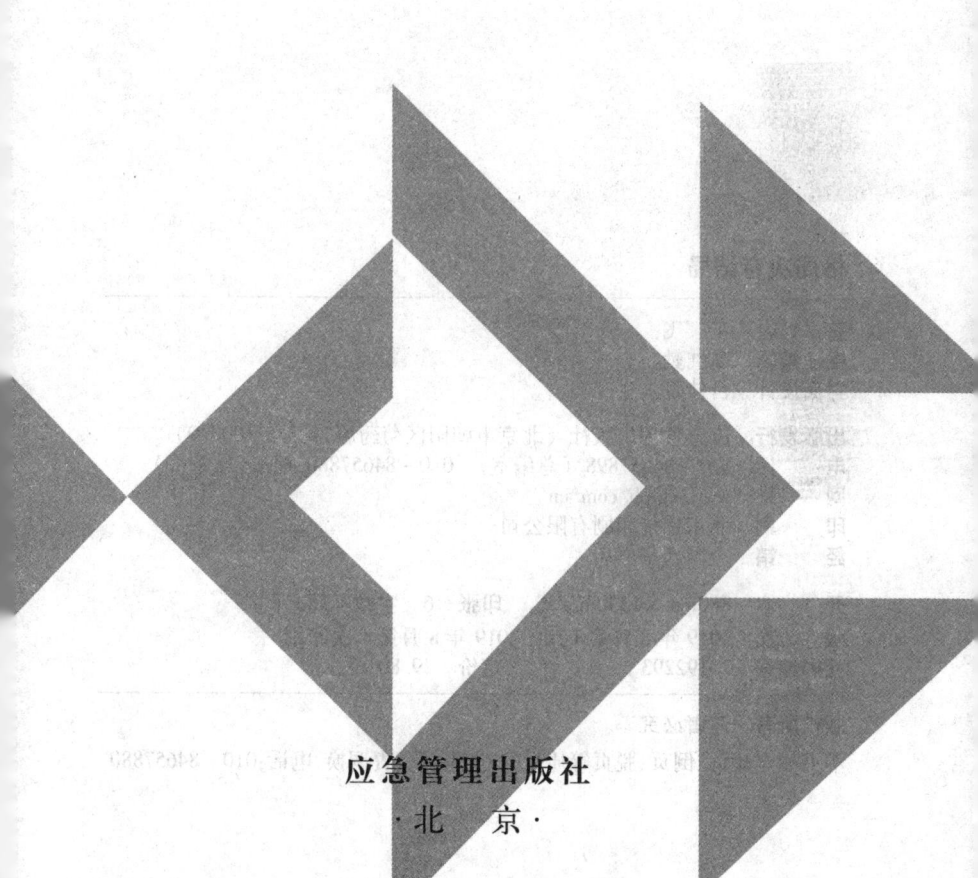

王飞 ◎ 著

应急管理出版社
·北京·

图书在版编目（CIP）数据

格局决定结局/王飞著. -- 北京：应急管理出版社，2019

ISBN 978-7-5020-7621-4

Ⅰ.①格… Ⅱ.①王… Ⅲ.①成功心理—通俗读物 Ⅳ.①B848.4-49

中国版本图书馆 CIP 数据核字（2019）第 136568 号

格局决定结局

著　　者	王　飞
责任编辑	高红勤
封面设计	吕佳奇

出版发行	应急管理出版社（北京市朝阳区芍药居 35 号　100029）
电　　话	010-84657898（总编室）　010-84657880（读者服务部）
网　　址	www.cciph.com.cn
印　　刷	北京铭传印刷有限公司
经　　销	全国新华书店
开　　本	880mm×1230mm$^1/_{32}$　印张　6　字数　180 千字
版　　次	2019 年 8 月第 1 版　2019 年 8 月第 1 次印刷
社内编号	20192293　　　　定价　29.80 元

版权所有　违者必究

本书如有缺页、倒页、脱页等质量问题，本社负责调换，电话：010-84657880

前 言 / PREFACE

《荀子·修身》中有云:"道虽迩,不行不至;事虽小,不为不成。"后来这句名言警句演化为"行则将至,做则必成"。虽然人生路漫漫,成功的道路也很艰难,但是只要我们一路走下去,有着坚定的信心,不放弃、不后退,勇往直前,砥砺奋进,就一定能抵达胜利的彼岸,拥抱希望的阳光。只有经历过磨难与淬炼的人生,才不是肤浅的,才会具有厚重与深邃的色彩,才能经得起时间与实践的检验。

一个人追求梦想的过程,就是一个人修炼生命格局的旅程。为什么有的人格局那么"小"?是因为他们喜欢斤斤计较、满腹牢骚、心胸狭隘;而为什么有些人的格局那么"大"呢?是因为他们胸怀宽广、眼界高远、心地开阔。我想"大"与"小"之间的区别,绝不是一朝一夕就能拉开差距的。所谓小格局的人,必然处于安于现状、不爱学习、故步自封的状态之中;而大格局的人,则必定会在风雨中勇敢前行,在挫折中心存希望,在幽暗中寻找光明。

当我动笔写这本书的时候,就在思考何为"格局"。我想格局是一种能力、一种智慧,也是一种境界、一种信念。就像文中所提到的那位用智慧守望孩子童年的父亲,他没有让孩子参加儿童画比赛，这并不是一种退却，而是想让孩子远离世俗的功利，从而为孩子的童年赢得一份宁静与自由。

而这种人生的大格局又是如何获得的呢？我想冰冻三尺，非一日之寒，必然是要经历过风霜的洗礼与生活的淬炼，才能赢得生命的那一片开阔与明朗。就像文中所写的那位身患疾病，却依然坚持写作的农村妇女。她白天在农田里挥洒汗水，黑夜在灯光下读书写字，几十年如一日。寂寞中的坚守是如此艰辛，但是她却不改初心、无怨无悔，只因心中承载着那一抹滚烫而炙热的文学梦。

我想通过这一个又一个小故事来传递格局的意义。故事中的每一个人物都是平凡生活中的你我他，或许在其中你能找到自己的一点儿影子。我希望大家能在故事中找到一点儿共鸣，寻得一丝灵感，获得一点儿信念。

有些人在挫折与艰难面前没有选择放弃，而是咬紧牙关硬挺了过来。这除了需要坚韧的意志力之外，还需要远见卓识。所谓的"大"格局，就是心中对自己所选定的目标有确信的把握，甚至可以在行动之前，就预感到成功的前景之所在。这就是一种非凡的预见力——眺望未来，更上一层楼。

"路漫漫其修远兮，吾将上下而求索！"道路虽远，但我们相信拼搏与奋斗的力量，只要我们一直在路上，一直在努力之中，就一定能在生命的某个时刻收获胜利的果实。最后，我祝愿大家在工作生活中能够以大视野远观世事风云，以大信心引领生活方向，以大格局应对人生沉浮。

作者

目录 / CONTENTS

第一章 视野决定格局的广度　　001

眼界是一种能力，更是一种境界　　002

思考帮你看清前行的方向　　005

创新让生命常新常绿　　009

勇敢追求自己的梦想　　012

在生命裂痕处播撒光亮的种子　　015

别让生活限制了你的眼界　　018

农夫的生活哲学　　021

信念带来的生命改变　　024

第二章 觉醒的自我是格局的奠基石　　027

心灵觉醒时，你的人生就会有新的飞跃　　028

"舍"与"得"之间的奥秘　　032

女作家带来的人生启迪 035

拿什么来抵御生活中的"柴米油盐"？ 039

坚守，让灵魂升华 042

爱意味着奉献 044

爱的连锁反应 048

改变让自我走向新生 051

行动永远比评论更重要 054

第三章 享受生活馈赠，接受生活挑战　057

从自我到他人，从小我到大我 058

青春的第一步不是享乐，而是疼痛 061

抛弃怀疑，拥抱信心 064

正确的目标引领生活的方向 068

种子带来的哲理 071

你在为谁而努力 074

让生命绽放在阳光与挑战之下 077

第四章 所有挫折都是为了让你更完美　081

在生命的荒芜处守住生命的尊严 082

生活给我以芒刺，我回报以赞歌 084

希望就在眼前 086

磨难是另一种形式的召唤	089
当黑暗来临时，请坚守本心	092
不畏独自一人	095
不惧人潮汹涌	099
唯有坚持信仰，才能砥砺前行	101

第五章　掌控进退之法，把握幸福之道　　105

放下执着，才能看见亮光	106
选择放弃，就意味着放弃希望	109
懂得反思的人生充满无限可能	113
从紫砂艺术中领悟出的人生智慧	117
如何提升生命境界	121
在恰当的时候停一停	124
抛开人生羁绊，大胆为爱而活	127

第六章　调整心态，发现潜藏的未知能量　　131

一生的果效都是由心发出来的	132
心底无私天地宽	135
剔除生命杂质，发现无限潜力	138
负能量是如何侵蚀你的生命的	141
让正能量照射进生命的幽暗处	144

从不同版本的小龙女中领悟的人生真理　　147

生活可以耗尽，但爱却永不枯萎　　149

第七章　格局走向成熟，便是玫瑰花开　　153

你所有的努力，总会在某一刻得到回报　　154

领悟生命之爱　　157

那些年，我们经历的青葱岁月　　161

既要显露锋芒，也要融入团队　　165

不同的境界造就不一样的人生　　169

懂得感恩，与爱相遇　　173

从改变他人到改变自己　　176

接受自己本来的样子　　179

格局是耕耘，结局是果实　　182

第一章

视野决定格局的广度

眼界是一种能力，更是一种境界

在一个炎热的夏日，有三个人在工地上搬砖，他们都热得汗流浃背，累得气喘吁吁。其中一人满面愁容、一脸阴郁地说："我在干苦力，真的很辛苦。"另一个人说："我需要赚钱养家糊口，得苦苦挣扎啊。"而第三个人却浑身都充满了热情，他满含希望地说："我在建设一座儿童乐园，将来这里就是孩子们游玩的天堂。"

第一个人只看见了手中沉重的砖头，所以他的心中充满愁苦；第二个人只看见了自己的生存压力，所以他满是忧郁；而第三个人却看见了未来，他能预见到自己努力的辉煌成果，甚至他将自己看成是伟大工程的参与者，所以他能享受到主人翁式的愉悦感与归属感。三个人因为不同的眼界，不同的目标，产生了不同的心境。

当你低头时，你能看见的永远只是泥泞的小路与凌乱的杂草，唯有你仰望天空时，才能看见天边的云彩与远方的道路。就像井底的青蛙，它永远都不可能懂得雄鹰翱翔天际的开阔视野与广袤情怀。

如果你是学生,就不要死死地盯着成绩和分数不放,请以开阔的视野来看待学业,在成绩之外,还要有思想的深度与见识的广度;而在分数之外,还要有情感与爱的能力,以及信念与心灵的领悟。

如果你是企业员工,就不要只是关注工资,请以卓越的眼光去看待工作,因为在工资之外,还有事业成长的阶梯与人生进步的突破口。

如果你已为人父母,请不要只是关心孩子的物质需求,请以科学的视界来看待教育问题,因为孩子除了吃喝之外,还有更加重要的心理需求、情感需求与灵魂需求。

有这样一个关于眼界的小故事:有两个销售运动鞋的推销员去非洲开拓市场。一开始,他们先去当地进行调研走访。一个星期之后,一个推销员回来对经理说:"那里的人都是光脚走路的,他们根本不穿鞋,我们的运动鞋根本没有市场,所以我就回来了。"而另一个推销员却留在了那里,他跟经理说:"这里的人们都是光脚走路的,所以我们的运动鞋有很大的推广空间。我打算留在这里开拓市场,希望我们的鞋子可以在这里热销。"

两个推销员,两种不同的眼界与思路,一个看见的是死胡同和没有出路,而另一个却看见了巨大的市场潜力。第一个推销员属于埋头苦干、墨守成规的人,而第二个推销员则推开了蒙蔽的窗户,让阳光照射进自己的心扉,让自己有了创新的思路与辽阔的视线。窗外的世界也代表了一个人广袤无限的视野天地。你是中规中矩、坐井观天，还是打开视野，走向更加广阔的未来呢？

多看一看外面的世界，开阔一下自己的眼界。或许，当我们看见蓝蓝的天空、广阔的大地的时候，就会有新的灵感闪烁在我们的心头。窗外的世界代表的就是不一样的视野与眼界，这将引领我们打开自己的心扉，接受新的思想，迎接新的挑战，展望美好的未来。

思考帮你看清前行的方向

有一位哲学家说:"但凡改变历史、改变世界的人物都有一个共同的特征,那就是思考、思考、再思考!"思考是对现实生活中的种种弊端有所察觉,并进行深入反思与探索,从而发现问题的根源所在,并提出切实有效的整改方案与更新措施。思考者始终处于警醒与觉醒的状态,绝不会混沌迷离,更不会随波逐流。就像我国战国时期的著名爱国诗人屈原,在那个黑暗混乱的时代所发出的沉痛呐喊:"众人皆醉我独醒!"

曼德拉的心中装着南非人民,百姓被奴役的生活在他心中犹如切肤之痛,所以他在思考中呐喊,在前进中斗争。即使是受到迫害,他依然昂首挺胸,坚持自己的抗争之路;在监狱中,他不气馁、不放弃、不沮丧,依然写下自由的诗篇。最终,他凭借信念与力量,带领南非人民走上了漫漫自由之路。在漫长的探索道路上,曼德拉没有停止过思考,因为唯有深入地思考,才能让他在复杂的斗争形势中看清前行的方向;也只有不间断地思考,才能让他抵御人性的怯懦与软弱,保持斗志的顽强与思想的觉醒。

"文学斗士"鲁迅先生文风犀利刚烈,具有雷厉风行的劲道。他对这个世界发出了呐喊,对黑暗做出了鞭挞,对世人提出了警示。所以,从某种意义上来说,鲁迅先生更是一位革命家与思想家。鲁迅先生生活的时代,是一个腐朽而黑暗的时代,社会各阶层全都流淌着肮脏的血。在这样的社会环境里,人们忍受着良心的煎熬,亲情的丧失,人性的枯萎。而鲁迅先生却以一位觉醒者的姿态,发出了触动人心的呼唤。在《狂人日记》里,我们不仅可以读出先生的那一腔热忱,还可以看出其中隐含着的焦急和愤怒。但先生的这种愤怒绝不是狭义的仇恨,而是具有更高角度的义愤填膺。他的这种愤怒是对迷茫之人的"恨铁不成钢",更是对中国这个民族的"忧心忡忡的忧患之情"。当时社会动荡不安,人们的思想处于迷茫困顿之中。此时,年轻的鲁迅先生是《新青年》的文艺骨干,他的文化水平极高,而且发表的文章总能剖析社会现实,鞭挞权贵黑暗,给当时的人们带来警示与激励。正因为鲁迅先生以这种方式对社会黑暗进行了呐喊式的挑战,所以他遭受了巨大的迫害。就像先生在文章中所说的,"来自敌人的白色恐怖"。在此期间,先生也曾迷惘过、徘徊过,但他从未停止过思考与反思,也从来没有放弃过对理想的追求与攀登。鲁迅先生坚信革命战斗必将胜利,这不是他一时的激动宣言,而是经过了长时间的探索、剖析、思考后,才得出的结论。

思考也是需要熔炉与环境的。顺境中的思考往往显得有些浮华与浅显,只有在逆境中的思考,才会激发出一个人潜藏的能量，从而充满无限可能。就像中药附子，如果你想要寻找野生的附子，就必须去阴冷潮湿的山沟里。因为野生附子的药效功能就是在阴寒之中造就出来的。虽然现在有人工种植的附子，但是种植环境却与野生附子大为不同。人工附子拥有大量的阳光照射，环境温润适宜。然而经过科学检测后，却发现人工附子的药效与野生附子相比，简直是天差地别。而造成这种差别的原因，就是人们所说的："南风温和，容易让人昏睡；北风呼啸，激发人之斗志。"

　　盛大网络CEO陈天桥在成功之前，也曾经历过异常艰辛的打工岁月。他毕业之后，去了一家规模很小的企业做零工。当时他的很多同学都劝他去大企业里历练，因为他毕竟是复旦大学经济系的高才生，现在去这家小企业里历练，实在是有点委屈他。但是陈天桥面对他人的劝说和质疑，甚至是讥讽，始终都是一笑置之，而他在这家小企业里一待就是整整一年。后来，人们问他为什么要在这家小企业里任职呢？他说："我决定在这家小企业里任职，并不是计较工作的多与少，而是自己在这个企业里所经受的磨砺与淬炼。因为大企业的分工一般都很明确，像我这样刚刚毕业的大学生，只能在其中从事一个小分支的工作，所以接触的层面比较狭窄。而我在这家小企业里却可以做很多方面的工作，无论是从生产管理，还是销售渠道，以及与客户的对接与洽谈，我都能参与其中。这就无限度地拓展了我锻炼的宽度、广度与维度。"

这就是陈天桥深刻的思考与开阔的眼界。他没有将自己在小企业里的任职岁月看作是生存中的挣扎，而是将这一段经历当作是创业前的预备与锤炼。而他自己也说，在这家小企业一年的任职经历，让他获得了全方面的锻炼，更为他后来的创业积累了丰富的实战经验。

"我思故我在"，卓越的思考就是超越环境与现实的束缚，跨越人性与自我的局限，让自己在逆境之中看见海有多么宽阔，天有多么蔚蓝。

思考还可以抵御生活中的狂风暴雨，就像女作家三毛用思考与写作来抵挡沙漠里的荒凉与冷寂，从而获得了灵魂的无限升华；就像游泳运动员孙杨用思考与训练来抵抗伤病与寂寞，从而赢得了世界人民的尊敬。思考虽然无言，但却可以作为一把利剑，它将穿透现实的黑暗，刺透人性的泥沼，让你在茫茫人海中有属于自己的思想与灵魂。

创新让生命常新常绿

  俄国作家契诃夫写过一篇短篇小说——《装在套子里的人》。这篇小说为我们形象地塑造了一个不思变革，恐惧改变，整日里将自己囚禁在腐朽与束缚里的讽刺性人物别里科夫。他成天将自己装在套子里——即使是大晴天，他也要穿上套鞋，带上雨伞。就连他自己的脸，也要将其"藏在竖起的衣领里"。

  别里科夫觉得自己是安全的，却不知他的怯懦与退缩，不仅使自己成为了沙皇专制制度的受害者，还使他身边的人也因为他的不作为，而受到专制者变本加厉的迫害与辖制。别里科夫虽然是在"保护"自己的安全，可是在另一种程度上，他却成为了独裁者的傀儡，并且还将专制制度做了进一步的蔓延。

  虽然我们现在生活的时代不同了，但是契诃夫的这篇讽刺小说依然可以给我们带来警示与启迪。试问在我们的现实生活中，是否也有像别里科夫这样的人存在呢？我的回答是："有！"并且是毋庸置疑的。现实生活中就有这么一类人，他们不想改变，不想前进，不愿意去冒险，也不愿意去探索，他们就愿意待在原地过他们四平八稳的生活。可以这样说，在他们的身上已经布满了陈旧的腐朽之气，已经完全没有了一点儿绿意新芽。

殊不知，所有成功的改革行动，都是将一切陈旧的思想完全推翻，而在行动中注入全新的、不一样的理念与思维。中国人民若还在封建制度上进行改革，而不是完全推翻封建王朝，就不会有新中国的诞生；马云若不是完全颠覆理念，将实体经营抛弃，从而转战于网络营销，那么就不会有淘宝网的空前兴旺。革新是一种方法，但是革新的思维却是一种智慧、一种境界，更是一种力量。

生活常新常绿的秘诀就在于保持一颗清晰、敏锐、纯粹的心灵。我国著名画家黄永玉，曾任中国美协副主席，中国文学艺术界联合会第十届荣誉委员。他在生命的每一个阶段，都对自己已经取得的成功表示不满足。他总说自己进步的空间还很大，还可以更上一层楼，还可以再提升一个境界。他的画风，可以说是随着他年龄的增长在不断地精进着。他70岁以后的画风，就比70岁以前更加丰富、更加醇厚；而他80岁以后的画风，则更加具有哲理意味，更加具有仙风道骨的气韵。

黄老最喜欢说的一句话就是："我的经验是，碰到任何困难都要赶快往前走，不要欣赏让你摔倒的那个坑。"他所说的往前走，代表的是一种创新的动力和改变的勇气；而他所说的摔倒的坑，则代表过去，或是没有远大的眼界和前行的脚步。黄老终其一生都在改变，都在前进，都在创新，他就像永远向前流淌的溪水，有不见大海誓不休的果敢与魄力。

创新还有与别人不一样的远见，那就是人们通常所说的逆向思维——想到别人没有想到的地方，起到出其不意的效果。

有这样两个村庄，它们都准备种植果树。其中一个村庄的技术员始终在果树上做文章，但是无论他怎么努力，种出的水果始终都卖不出好的价格。而另一个村庄的技术员却另辟蹊径，通过逆向思维将目光聚焦在土壤改造之上。他们通过创新科技，在土壤中融入一种富硒元素，使种出的水果不但口感极佳，还富含大量的硒元素。这样不但使种出来的水果被抢购一空，而且价格也是水涨船高。

两种思维，两种眼界，两种不一样的收获与结局，这就是逆向思维的正面案例。就像一则名言所说的："无法改变风向，可以调整风帆；无法左右天气，可以调整心情。如果事情无法改变，那就去改变观念。"

当然，创新绝不是空中楼阁，它需要的是一份永恒的坚持力与意志力。因为创新除了知道别人所不知道的以外，还要知道别人所知道的。这个别人所知道的就代表一种积淀、一种积累、一种阅历。这需要创新者在时间与实践中一点一滴地进行淬炼，并在日积月累中不断丰富自我、完善自我。

创新永无止境，革新就在脚下，让我们抛弃陈旧的思想，以新颖的思维、新意的行动创造一个全新的未来，因为创意无极限，生命将有无限可能。

勇敢追求自己的梦想

有人说我就想过平平淡淡的生活，可是说这话的人大多数都将平淡过成了平庸。你所说的平淡生活，并不是哲学式的安贫乐道，而是你为自己的不思进取与惰性泛滥所寻找的借口，甚至你自己都不愿意去尝试、去挑战，亦或者你已经失去了那份挑战的热情与信心。

成功者不仅需要机遇与运气，还需要魄力、信念与行动。成功永远都是留给有准备的人的，胜利的果实永远是给长途跋涉之人的最好奖赏，而你毫不费力就摘取到的果实，永远都是苦涩的。莎士比亚说："千万人的失败，都是失败在做事不彻底，往往做到离成功尚差一步就终止不做了。"是的，你是否为自己确立的远大目标做出过努力？你是否已经跨出了追求梦想的第一步？路在脚下，路就在脚下，就看你是否愿意离开平地的舒适，登高远眺，更上一层楼。

成功的第一步就是梦想的觉醒。有这样一个有趣的现象：年龄越小，梦想就越大。幼儿园的孩子经常会说："我要当宇航员，我要当音乐家，我要当科学家！"因为这个年龄段的孩子敢想敢

第一章　视野决定格局的广度

说，无所畏惧，并不懂得失败的可怕。可是随着年龄的增长，梦想却会越来越小，甚至到了最后，只要能够满足养家糊口的要求就可以了，这就是所谓的梦想的萎缩。

　　为什么人的梦想会变得越来越小呢？那是因为我们看到周围的人都是普通人，大家都在按部就班、四平八稳地生活着，所以觉得做一个普通人也挺好，于是就心安理得和悠然自得地选择了和他们相同的生活方式。前往鹦哥岭的大学生团队，他们放弃了城市的安逸生活与高薪的职位，选择了孤寂的深山老林与艰险，支撑他们坚持下去的就是梦想，他们因为有梦而无惧，因为有梦而无悔。

　　作为草根明星的旭日阳刚，他们当年只是普通的农民工，每天为了生存而苦苦挣扎着。但是他们心中却潜藏着炽热的音乐梦想，所以他们敢于唱出心中的野心，敢于闯出自己新的未来。从小舞厅到露天舞台，从地铁通道到马路边上，他们一直在勇敢地歌唱。不管旁人给他们多少白眼、多少讥讽、多少漠视，他们都选择在隐忍中坚持下来。无论经受怎样的艰难，在他们的心中始终都有一个信念，那就是音乐不息、歌唱不止！直至唱到了央视的《星光大道》，他们唱出了那首《春天里》，雄浑的歌声，醇厚的节奏，赢得了现场观众的阵阵欢呼，这也是对他们多年坚持与努力的一种回馈与报答。不管你有着怎样的身份与境遇，你都可以拥有自己瑰丽的梦想，只要你拥有一颗觉醒的心。而心的觉醒，是对现实世界的一次诘问，是对世俗眼光的一种鞭挞，更是对人生不可能的一种无畏的挑战。

　　成功的关键在于有目标、有方向，找准自己的定位，知道自己所要追求的到底是什么。有的人终其一生都在苦苦追寻，却始终都找不到自己的位置究竟在哪里？因为人的天赋各不相同，只有找到适合自己的，才是成功的关键。当然，寻找的过程必定是艰辛的，而且是充满曲折的。

有人可能会问："我怎么才能一下子就找到适合自己的定位呢？"我想就算是最资深的专家，也不可能给出一个标准的答案，因为这是一个寻找的过程，需要你自己亲自去经历、亲自去探寻。而这个探索与寻找的过程绝不是徒然的，因为你在其中所经受的锻炼与磨砺，必定会成为你成功路上最宝贵的精神财富。

其实，成功的道路并不拥挤，因为大多数人选择的都是一种安逸、轻松的生活，一旦你能克服成功路上的艰险与困境，那么你就会独自在高处享受自然的清风与开阔的视野。微软公司创始人比尔·盖茨曾经说过："只要有坚强的持久心，一个庸俗平凡的人也会有成功的一天，否则即使是一个才识卓越的人，也只能遭遇失败的命运。"

是的，每个人的资质虽然各有不同，但是只要你肯努力，愿意坚持，并有足够的忍耐与信心，就算资质平庸，成功的天平也会向你倾斜。每个人的心中都潜藏着一颗成功的种子，就看你是否愿意用信念与行动来将其激活和滋养，直至在坚持中将这粒种子孕育成参天大树。

成功不是作家笔下的瑰丽浮华，而是你脚下的跋涉与眼中的瞭望。现在，你是否已经迈出了追求梦想的第一步呢？

在生命裂痕处播撒光亮的种子

如果你的生命出现了裂痕，你是让这道裂痕无限度地放大，以至于伤痕累累，还是在裂痕处坚持奋斗不息，以生命的热忱将之浇灌，直至你的生命中迎来阳光的照耀呢？是让裂痕演化成伤痛，从此沉溺其中无法自拔，还是将裂痕升华成希望，从此获得重生？这是每个人都要做出的选择：是安于现状，还是做出改变。这是两条不同的道路，我们必须选择正确的人生方向。

有一个澳洲男孩，天生就没有双手，他成了别人眼中的"怪物"和"异类"。他的童年是阴暗无光的，没有朋友，也没有赞美，有的只是他人无尽的排挤、嘲讽与冷漠相对。幼小的他，面对种种厄运，只有逆来顺受，一声叹息和两行眼泪。但是到了青少年时期，男孩的心灵开始觉醒，他要做命运的主宰者，而非命运的牺牲品。于是，他开始阅读、学习、努力。可以这样说，他的学习比普通人要困难百倍，但是他也付出了比常人多出千倍的努力与艰辛。他始终在心底告诉自己："不做生活的懦夫，要做人生的勇者。"

一分耕耘，一分收获，在信念与信心的指引下，年轻的他已经算得上是博览群书、博学多才了，而且他的思辨与演讲才能也尤为突出。于是，在各个网络平台上，都有了他精彩的演讲视频。他的演讲，不仅向人们传授知识和学问，更重要的是向众人传递一种励志精神与自信人生。而且，谁也没有想到，这位天生没有双手的残障男人，竟然也步入了婚姻的殿堂。他的妻子不但美丽，而且知性、大方、聪慧。与其说这是生命的奇迹，不如说这是他不懈努力、不轻言放弃和奋斗不息的胜利成果。而这个男人就是家喻户晓的励志人物尼克·胡哲。正如他自己所说的："错的并不是我的身体，而是我对自己的人生设限，因而限制了我的视野，看不到生命的种种可能。只要你一天没有放弃，那么你就还没有失败。"

司马迁在狱中遭受宫刑，所有人都觉得他的人生走到了尽头。可是，他却在痛苦之中拿起一支笔，写下了不朽的著作《史记》。狱中的隐忍与坚持，寂寞中的信念与意志，伤病中的不屈与坚毅，所有的这一切，都是因为心中那份对历史和时代的使命感。

余秀华，一位脑瘫患者，一位极其平凡的农村妇女。可是她热爱阅读，钟情于写作，在忙碌的乡村劳动中却不停止思考与笔下的驰骋。而她辛苦写下的文字，在那个偏僻的农村根本就无人欣赏，甚至有人说她是在白费心机。可以说当时的余秀华是孤立无援的，既没有文学知音，也没有一个读者共鸣。一个柔弱的女人在漫长的寂寞与黑暗中，她始终在坚守，坚守那个潜藏于灵魂深处的文学梦想。

直到有一天，余秀华遇到了一位记者。这位记者看着眼前农妇所写的诗歌，就像哥伦布发现了新大陆。于是，余秀华被发现了，她的文学才华也被世人所发掘、所认识。不知道余秀华的读者是否能够读懂她，但就算只有一个知音，这位平凡的农妇都会在她的文字里倾注所有的情感，竭尽全力、毫无保留。因为她写下的文字，不仅是对她生活的乡村世界的歌颂，还是她自己生命裂痕处的悲歌。

"沉舟侧畔千帆过，病树前头万木春。"沉舟是厄运，但是诗人刘禹锡却看到了旁边经过的百舸争流；病树是厄运，可是诗人却看到了前面树木的绿意葱茏、春色喜人。这就是视野开阔所带来的生命的改变。

人生不可能总是一帆风顺的，如果我们一遇到挫折与困境，就后退与气馁，那么我们就永远只能做生活的失败者。如果我们敢于面对困境，敢于在逆境中反思与剖析，敢于在失意中坚强与感恩，那么所有的困境都可以成为我们前进路上的奠基石。我们将在逆境中唱起生命的赞歌，我们将在苦难中踏向信心之地。正像法国作家巴尔扎克说的："苦难对于天才是一块垫脚石，对于能干的人是一笔财富，对于弱者是一个万丈深渊。"

让我们在生命的裂痕处播下信心的种子，用信念、奋斗、坚持与爱心去呵护它，相信在人生的某一个时刻，你将会收获到胜利果实。

别让生活限制了你的眼界

　　一个智障男孩，你会相信他能成为一名很有才情的画家吗？一个天生双腿残疾，坐在轮椅上的女孩，你会相信她能成为当地有名的企业家吗？一个七十岁高龄的老奶奶，你会相信她能重新拿起笔，学习写作，以至于成为畅销书作家吗？一个天生视力有障碍的男孩，你会相信他能成为科学界的奇才吗？是的，你不会相信，但是你所有的不相信却都成为了现实。因为这些人是真实地生活在我们的视野里的，他们的励志故事曾一度成为记者争相报道的热门题材。你所看见的限制、狭窄，最后都被这些主人公用意志与毅力所突破，他们在生理的不可能上创造了生命的无限可能。

　　2014年诺贝尔和平奖得主马拉拉·优素福·扎伊的故事曾深深地感染了我们。她是一个16岁的少女，生活的环境被灰色恐怖所笼罩着。极端组织的压迫与残害，封建思想的禁锢与束缚，甚至还有随时丧命的危险。就是在这样残酷的环境下，这位小姑娘却以非凡的眼界与勇敢的行动来争取自己受教育的权利。她不但自己坚持学习，还带领身边的青少年们一起加入到抗争与奋斗的行列之中。

在极端组织下进行学习活动是极其危险的，但是马拉拉却以柔弱的身躯来抵抗这惨烈的迫害。她在公众面前勇敢地演讲，她用手中的笔进行控诉、鞭挞与呐喊。直至有一天，因为抗争，她被极端组织的子弹射中，倒在了血泊之中，可她倒下时的眼神依然是决绝式的坚毅与锐利。

如今的马拉拉，站在了世界最高的领奖台上，但她的演讲词依然包含着："自由和平、教育权利、人性大爱。"马拉拉生存的环境就像是万丈深渊，可即便周围是一片伸手不见五指的黑暗，她也要倔强地抬起头来寻找光明的方向。环境不能限制她追求自由的权利，恐吓不能阻碍她学习的步伐。马拉拉就像生长在悬崖峭壁上的一株小花，在狂风暴雨的侵袭之中，依然绽放着属于自己的绚烂，因为她的心灵一直在寻找着阳光与春天。

有很多人都在抱怨环境的不合宜，抱怨生活的不如意，抱怨命运的不公平，甚至还有人在抱怨自己没有含着金钥匙出生。可是你知道吗？女作家毕淑敏曾经在西藏高原上生活了好多年，那里的环境可谓是偏僻、闭塞、荒凉，但就是在这荒芜的环境之中，才练就了她笔下文字的传奇。还有美国总统林肯，他同样出身贫寒，可以说没有任何家庭背景与社会关系。但是他凭借着一腔爱国热忱和对自由的向往，通过不懈努力，勇于拼搏，一步一个脚印，在磨砺中奋进，在淬炼中前行。他开创性地将美国的奴隶制度废除，成为美国历史上开创自由先河的第一人。

当你阅读这些伟人的传记，并在他们所写的箴言里细细品读的时候，你会发现他们对于自己所遭遇的苦难与厄运并没有表示惋惜，更多的反而是一种感恩。因为苦难在他们看来并不是生命的噩耗，而是另一种形式的造就。困境可以历练更加强韧的品质，挫折可以磨炼更加成熟的思想。就像《孟子·告子下》中所说："故天将降大任于斯人也，必先苦其心志，劳其筋骨，饿其体肤，空乏其身，行拂乱其所为，所以动心忍性，曾益其所不能。"古之圣贤道出了这其中隐含的奥秘。

别让生活限制了你的眼界，有时生活中的"少""缺""难"正是锻炼你意志力与忍耐力的机遇，而这也正是你迈向另一个阶梯的人生契机。

农夫的生活哲学

  农村是一片广阔的天地，土地里蕴含着哲学，农夫的生命里浸润着沧桑，脸上则写满了故事。当我漫步在农人的田野里时，心胸是开阔的，眼睛是明亮的，而且我的思绪也会随之展开，并冒出无穷的遐想。

  在我的家乡，有这样一位老人，他在外漂泊了几十年，到了人生暮年之时却落叶归根，回到了自己的家乡。老人躺在竹床上，双眼微闭着，神情安然，似乎已经进入了梦乡。再看老人的四周：断壁残垣，竹床摇晃，锅盖朽坏。唯有从窗户上射进来的一缕阳光是新鲜的，它是那么柔和地照在一株嫣然开放的野菊之上。野菊是老人从山上采来的，上面还滴着点点露珠；窗户上的玻璃虽然陈旧，但从上面反射进来的光芒却很灿烂。是的，无论窗户多么破旧，光亮都从未减少过。而且在老人漂泊在外的这些年里，这扇窗户上的这道亮光一直都停留在那里，就这么亮着、闪耀着，从岁首到年终！

  老人已经在外漂泊了很多年，如今回归家乡的原因是自己得了绝症。但是老人并没有因此而意志消沉。回来后，他以最快的速度投入到了农田的开垦中。清晨，喝完一点儿稀饭之后，他便开始开垦自家门前的那一块菜地。菜地不大，只是多年来都未曾开垦过，因此杂草丛生，遍地都是荆棘。老人虽然离开家乡已经很多年了，但是他的双手却始终都没有忘记耕种土地的技巧。锄草，施肥，播种，老人颤抖的手迎来了土地的容光焕发。即便沉寂了三十年，土地依然没有减弱自己孕育种子的本领。也许土地的温度与热度从来就没有衰减过，只是在蕴藏之中等待着一个人的到来。只要这个人拿起锄头，在泥土里洒下汗水，土地就会焕发出无限的热情与温润。种子在塑料口袋里是冰冷的；到了农夫粗糙的手掌之中，就会生发出丝丝暖意；最后到了泥土中时，那就是被热浪和温暖吞噬的幸福。

一粒粒种子在农夫双手的调配下，已然融入了泥土之中，且正在慢慢生发。老人排列的沟渠行列整齐，纵横合理。看来，就算是老态龙钟，只要来到土地上，他都能将其排列得井井有条，从而成为一名极为从容的"指挥官"。老人坐在田间地头，看着自己的劳动成果欣然微笑。一只老狗卧在老人的身旁，与老人一起静静地看着眼前的这片土地。在菜园的边缘，老人种了七株野菊。菊花某一个时刻在蔬菜的绿意盎然里绽放着属于自己的艳丽。

你们可能会问瘦骨嶙峋的老人能够等到果实的丰收吗？也许这个问题连老人自己都不知道答案。但即便是明天就会死去，他依然还是会拿起锄头，开垦并耕耘这片菜园。虽然老人很落魄，但是我却相信在他漠然的外表之下，一定隐藏着一颗坚韧隐忍的心。因为他在病危时，依然不忘一位农夫的人生准则，那就是在闭眼前，决不让土地荒废了；不到生命的最后一刻，决不让自己处于慵懒的状态之中。

年轻的我，面对社会的纷繁复杂时，会遇到各种各样的挫折与困境。但每当我烦躁不安的时候，都会想到这位老者的眼神：虽然迷离，却很坚定；虽然模糊，却很坚毅。老人用生命中最后一刻的光阴，让田地远离杂草的侵蚀，让土地迎来秋天的丰收时刻。特别值得注意的是他种下的那七株野菊，这是老人忙碌之外的一种乡野情趣，更是农夫心中的那种猜不透、只可意会不可言传的别样情愫。

以上就是这位老农夫给我带来的生命感动与灵性启迪。这是老人的一种生命不息的精神力量，是对土地信心不减的信念坚守，更是我前行道路上的方向指引。老人是哲学家，拥有深奥的土地哲学与农夫哲学。土地是沉默的，他也是沉默的，但却在这种沉默中给了我无尽的思考与启示，而我们需要低下头弯下腰，以虔诚的姿势来领受这来自农夫的启示，就像稻穗面对土地时的谦卑一样。

信念带来的生命改变

中国内地作家刘震云说:"21世纪需要的不再是知识分子,而是需要有见识、有见地、有信念的人才。"是的,知识固然重要,但是有见地、有信念的人才,才是企业发展的核心力量。我们可以在工作中一丝不苟,但却不能在操作中一成不变。特别是要求精准的建设性工作,更需要有不一样的见识水准。

比如一位财务工作者,如何才能将企业的成本降至最低?如何估量企业的资产?如何优化财务的测算系统?……这些都需要衡量、斟酌与思索。这就是一个财务人员所要具备的智慧。当然这种水准的养成,不是一朝一夕就能完成的,而是要在工作中不断探索、不断思考、不断总结才能拥有的。所以,我们需要拥有一颗慧心。只有拥有了这样一颗慧心,我们才能在工作中游刃有余,临危不惧。

虽然工作是忙碌的,城市也是喧嚣的,但是我们却可以在心灵深处寻找宁静与信仰的力量。我们都有自己的信仰,那就是对于诚信、严谨与爱的坚守。因为信仰的种子无论在什么地方,都能焕发出生命的气息。信仰是一个宁静的世界，这个世界能抚慰那些受到现实压迫的心灵，激励萎靡不振的意志，化解紊乱的情感问题，使人们拥有平缓轻快的心情，以及受到净化后的澄明心境，这就是古老信仰内涵所传递的真谛。

在新时代的社会潮流中，人们也许会精通"厚黑学"，会见风使舵，会溜须拍马，也可能会视这些本领为交际必修课。但是我们却要求自己拥有不一样的信念力量。也许在世人看来，这是一种古板和固执，可唯有守住心底的那份正直，才能拥有一份坦然；唯有守住灵魂的洁净，才能获得一份永恒的真挚。是的，对于真善美的坚守，在这个腐朽的世界里，会有些艰难，也会受到一些讥讽，但我们不会放弃，始终会坚守着那一份古老的誓约。

她叫周月华，是一个性情直率的美丽姑娘，她小时候患有小儿麻痹症，由于治疗不及时，最终导致左腿留下了终生残疾。她看到家乡山里的百姓缺医少药，于是心生怜悯，立志刻苦学医，将来留在大山里做一名赤脚医生。他叫艾起，土生土长的山里小伙，憨厚，诚实，热心肠。因为爱情，因为小溪旁那一朵蒲公英散播的幽幽芳香，小伙子背着姑娘，一路坎坷地去行医，这一背就是二十年。是信念的力量，在支撑他们前行，即使前方困难重重，他们也有勇气继续走下去。

二十年后，姑娘的身体臃肿了许多，小伙子的身形也变得苍老起来。但依然还是这两个人——周月华和艾起，行走在大山里的每一个角落。可能他们之间已经没有了那么多的浓情蜜意，只是男人有汗时，背上的女人会为他擦擦汗；行走的途中，女人会问好多遍："你累不累，需不需要休息一下？"简单的动作，却是一辈子的牵手与承诺，也是一辈子的信念。

2012年，在感动中国年度人物的颁奖晚会上，一个乡村医生和她的丈夫——周月华与艾起，让我们不但感受到了深厚的医者大爱，更是让我们重新找到了关于爱情的温暖与感动。

她背起药箱，他再背起她。他心里装的全是她，而她的心里还装着整个村庄。一条路，两个人，二十年。大山巍峨，溪水蜿蜒，月光皎洁，爱正在慢慢地升起。

女人的拐杖不仅是指那个支撑她行动的物质拐杖，还是指她的丈夫。丈夫就是妻子的拐杖，他用一生的守候与搀扶来践行自己对爱的诺言。如果你要问这根拐杖是神杖还是魔杖，我想说的是：这既是爱情信念的神杖，同时也是挽救生命的魔杖！

一切计谋、手段，都会随着岁月的流转而消逝，唯有信念的力量是永恒不息的。因为信念是深藏于心灵深处的正能量，信念是与灵魂相契合的正义之道。

第二章

觉醒的自我是格局的奠基石

心灵觉醒时,你的人生就会有新的飞跃

越江在家乡的一家饮料厂上班,早出晚归,日夜辛劳,没有休假,没有津贴,更没有来自老板的半点温情。可是,即便他累到浑身无力,疲惫不堪,也从来没有过一声抱怨,一声呐喊,更没有计较过代价,讨伐过压迫,他只是在心底里悄悄地留下那一抹难以言表的怨愤与伤痕。一个没有声音的他,在小小的饮料厂甘愿做一颗沉默的螺丝钉。或许他天生就具备这种卑微的心境。在乡村中生活了四十多年,他早就已经将羞涩与卑微化作了一种品质、一个符号,根植于内心深处,印刻着永不磨灭的时代烙印。

直到有一天,身体一向强壮的他在工作的时候摔倒了,住进了医院。治疗伴随着他的哀叹,一晃就是三个月。他自以为工作勤奋,兢兢业业,在老板那里可以算得上是一位模范员工。可是,当他出院后,向老板索要工伤赔偿的时候,老板却是冷眼相向,恶言相加。在那一瞬间,他没有了愤怒,心底泛起了阵阵寒凉。人情冷暖,世态炎凉,让他真正感知到了人性之恶的残酷。他没有去跟老板争执,也没有在厂里哀号,而是拖着疲惫的身

第二章 觉醒的自我是格局的奠基石

体,带着冰冷的心灵,向着家的方向走去。

用沉默代替愤怒,用思考代替吵闹。第一次,他学着用哲学家的沉思来处理生活中的琐事。

在医院住院期间,他接到了妻子传来的一个更坏的消息。他的小儿子也生病了,听医生说是家乡的水源出了问题。是啊,这些年来,家乡大搞经济建设,造纸厂、饮料厂、皮革厂……纷纷拔地而起。人民币大把大把地装进了老板的口袋里,却留下一群苦苦挣扎的农民工,还有家乡那一条被严重污染的河流。生活被一层又一层的窗户纸包裹着,看不见一点儿光亮。而造成这一切的原因,都缘于村民们根深蒂固的顽固愚昧。可是,今天自己的孩子却生病了,因为这赤裸裸的环境污染。看着孩子病中的柔弱,看着孩子眼中的哀泣,越江无限感慨,也无限迷茫。他眉宇紧皱,目光锐利,像雄鹰的那双穿透乌云的眼睛。在那一刻,他的脸上写满了斗士愤慨的语言。这是第一道觉醒之光,这是第一声呐喊之音。只是觉醒的来临,总伴随着沉沉的悲剧。因为孩子的健康已经受到了损害,家乡也再没有了青山和绿水。

为什么非要等到悲剧来临时,才能听到这崛起之音?这是一个世纪考题,需要男人用农民工的朴实思维去寻找一个最契合的答案。可是,他力微弱,他心狭小,如何才能推得动这历史的恢宏进程?

罢工!示威游行!向黑心老板讨回一个工人应有的尊严与权益!

在越江的带领下,这项工作如火如荼地进行着。

老板在惊慌之余,心中已然有了应对的策略——用钱收买领头羊,用黑社会的拳头对付越江。

其他三位领头者纷纷投降,并且在老板面前将责任都推给了越江。他们拿着老板给的钱,美滋滋地回家了。

来自工友的背叛,让越江的心里越发沉痛,难道农民工真的就不能在正义的道路上有所作为吗?

"一盘散沙还想起义,不就是想多要点钱吗?钱就可以把你们摆平。"老板轻蔑地说道。

所有人都沉默着,唯有越江从心灵深处发出了呐喊——"不,不!"他满脸的愤慨,满眼的决绝。可是他的呼喊却被众人的嘈杂声所淹没,也被妇女的嬉笑声所湮灭。

没有一个知音,这是第一位呐喊者的寂寞,也是他无尽的心灵悲哀。

生活里的一切都照旧,但是,越江却选择了离开。因为他听到了中央关于环境保护的最新政策,也听到了外界关于劳工权益的响亮呼声。外面的世界,一定格外精彩;天涯之外,必定有温馨的知己。只是自己在这个小山村里已经待得太久太久了,甚至都已经忘记了山脚拐弯处,还有一条通往远方的道路。虽然道路崎岖,但是小路蜿蜒,曲径幽深,奇妙地蕴含着探寻与追逐的奥秘。

在临走前的那一个早晨,越江乘着小船,船头坐着自己的儿子。他们在小河里捞起一个个腐烂的垃圾。众人皆是嗤笑:"这么多的垃圾,怎么捡得完呢。"

越江沉默不语,儿子却热情高涨。因为在昨天的课堂上,老

第二章 觉醒的自我是格局的奠基石

师告诉他"保护环境，人人有责"。今天，在父亲的陪同下，他做着自己最微薄的努力。

这是越江对儿子温情的陪伴，也是对家乡最微薄的付出。

农民工的第一声呐喊，在悄无声息中夭折。但是，在呐喊声的背后，却闪耀出觉醒的亮光。这里面包含着尊严的醒悟，也包含了父爱的警醒。从此以后，他不再是苟延残喘、苦苦挣扎的越江。他有了心灵感悟，他有了思想感知，就算是再残酷艰难的环境，他都有一声渴求光明的呐喊。

越江的心灵觉醒了，其中包括自身权益的觉醒、自我尊严的觉醒、环境生态的觉醒，以及父爱的觉醒。可是他身边的人依然是混沌迷离的，所以他找不到一个可以对话的知音，所以越江选择了逃离，不，应该说是开始有了新的选择，迈向了新的征程。逃离封闭环境的禁锢，大千世界之中，总能找到一个可以在同一频率说话的知音人。

陶渊明逃离黑暗浮躁的官场，走向深山之后，寻找到了一片世外桃源，同时也为自己的心灵找到了一座宁静皈依的家园。

宋祖英远离偏僻闭塞的小山村，来到歌唱的舞台，唱出了民族的旋律，也唱出了一片属于她自己的广袤天地。

你为何没有找到合适的位置？你为何没有遇到跟你合拍的那个人？那是因为你的心灵还没有觉醒，你还在与你身边的人一起陷在混沌之中。当你的心灵觉醒了，你就会有新的选择，你就会有新的行动，你也会有新的路标，从而踏向新的标杆，实现人生新的飞跃。

"舍"与"得"之间的奥秘

有一个做生意失败、心灵痛苦的中年男子找到心理咨询师，满脸愁苦地对咨询师说："老师，为什么我陷在痛苦里无法自拔？我都没有活下去的勇气了！"

咨询师深情地凝望着这个男人，他并没有询问男人究竟是为了何事而苦恼，他清澈的眼神似乎已经说明他对男人的事情了如指掌，这就是属于心理咨询师的预知能力。

咨询师对男人说："你啊，已经陷入了太沉重的自我之中……你何不换个角度来思考人生呢？从舍到得，舍得之间，有着太深奥的人生哲学。你可以去关注别人的孤苦，用你的双手去搀扶弱小的生命，当你付出爱的时候，你本身也就成为了爱的管道。别人在你的帮助下获得了新生，而你自己也将在爱心付出中获得价值与自信。"

"老师，那我捐钱可以吗？"男人向咨询师问道。

"不，年轻人，捐钱虽然也是表达爱的方式，但是我还是强烈建议你近距离地接触一个具体的生命，用你的言语去鼓励他，用你的陪伴去温暖他。只有你切切实实地做出爱的行动,才能让你的生命和你的爱的泉水奔流不息!"

"好,那就让我从关心身边的弱小者开始新的生命旅程吧。"

这是一个关于爱的故事,告诉我们"舍"与"得"之间的智慧与奥秘。舍弃一片云,你会得到整个天空的蔚蓝;舍弃一片落叶,你会赢得一片森林的茂盛。

当你拥有众多金钱的时候,你需要舍弃一部分来回馈社会,你得到的将是心灵的轻盈与宁静;当你拥有许多耀眼的头衔时,你要懂得服务他人和感恩社会,你得到的将是生命的更新与飞跃;当你每天忙碌得不可开交时,你要舍弃一些时间来留给阅读、散步与休闲,你得到的将是灵魂的休憩与静谧。

有人说我没有什么东西可以给予别人,可是有句话说得好,没有哪个人可以强大到不需要别人帮助的地步,也没有哪个人弱小到不能施舍别人的境地。就算你处于人生的低谷,也可以给予,可以付出,可以奉献。就算你是一个最普通的人,也可以给予别人许多东西,甚至可以给他人温暖。比如一个微笑,一个温暖的陪伴,一点儿金钱上的帮助,一句善意的提醒,甚至微笑着接过发传单的人手中的广告单,买下夜晚摆地摊的老人的白菜,这些都可以成为我们给予的渠道。

莲花因舍弃牡丹的雍容而圣洁,彩虹因舍弃磐石的永恒而绚烂,高山因舍弃流水的灵动而伟岸。记得我的一位老师曾对我说:"绿叶舍弃荣耀,衬托着红花的光鲜亮丽;河流放弃抛头露面,承载着荷花的欣然美丽。舍与得之间,微妙至极。"舍与得之间蕴藏着机会,更蕴藏着真理,只有真正有智慧的人才能够"舍",而有时不"舍"便会"失",即使有得,也是得不偿失。

懂得取舍是一种大智慧,是一种选择,更是一种境界。你只有舍弃多余的累赘,才能得到生命的通透;你只有舍弃生命的浮华,才能得到心灵真正的清澈;你只有舍弃人生的羁绊,才能走得更远,飞得更高。

女作家带来的人生启迪

　　沙漠荒芜，寒风萧瑟，绿色隐逸，鲜花落寞，如此空旷的境界却惹得一位女子情愫萌动。她，豪情万丈，只因年少时一份地理杂志的吸引，便立下了流浪远方的远大梦想。而她却又柔情依依，只因爱情的一声召唤，便放下城市的万千繁华，毅然追随自己的大胡子恋人定居在茫茫荒漠。她就是女作家三毛。

　　撒哈拉，似乎只是大自然的专宠，任凭狂风与黄沙在其间自由驰骋，因为这里是一片广袤的开阔地域。但女人是多么敏感而脆弱啊，她需要春风化雨般的滋养，她需要鲜花浪漫般的呵护。可是，沙漠的凌厉，又怎么可能是女子心灵的抚慰呢？是三毛的绝世独立，还是她的独具匠心，竟让她对撒哈拉情有独钟？撒哈拉或许有它的独特魅力所在，只是需要一双慧眼将它发现。而这双慧眼，需要时间的淬炼，也需要阅历的积淀。在沙漠中的体验，可以说是三毛作为一个妻子对婚姻生活的感受，也可以说是对她作为一位作家文学生涯的磨砺。

　　撒哈拉，炎热与寒冷，在白天与黑夜时竞相袭来；淡水的缺乏，绿意的稀少，文化的差异，与邻居之间的隔膜，这些都是沙漠环境带来的残酷与恶劣。而三毛这位女性中的精灵，她又该如何面对这样的环境考验呢？

她也曾为气候苦恼过，也曾为人际关系苦苦纠结过，但她并没有因此而消沉哀叹。看，在沙漠观浴，看沙漠女人那混着污泥黄沙的裸体，三毛没有丝毫高贵的鄙夷，只是留下心中深深的怜惜和笔下淡淡的幽香。看邻居哑奴身世凄凉，生活困顿，却被沙漠主人苦苦压制着。三毛有作为女作家的敏锐洞察，她想为哑奴的解放振臂高呼。可是，激情之后，势单力薄，她只能臣服于沙漠的这种民族制度。

对于哑奴，她只能赠送两瓶可乐、一大块乳酪、半个西瓜，还有一卷厚厚的红毛毯。点滴之中，见心灵之善意！哑奴脸上的苦痛压抑，也是三毛内心的挣扎。哑奴是现实的逼迫，三毛则是笔下的反思。还有爱情，那个大胡子荷西，女作家一生的情缘缠绵。没有荷西，就没有三毛的沙漠爱情；没有沙漠爱情，就没有三毛的沙漠文字；没有沙漠文字，就没有三毛的灵性世界；没有三毛的灵性世界，就没有声名远播的橄榄树的梦想神曲。

婚礼那天，三毛表现得特别安静。在与荷西眼神交流的过程中，她闪现的是柔和、恋慕和依偎，还有一些朦胧的娇羞。这一丝的娇羞，是只有新郎才可以捕捉到的神秘表情。新郎在这一丝隐约的娇羞里，独自沉醉。

顽劣的女作家对于爱情绝对不是一张白纸，她还有更隐逸的情愫,她还有蕴藏在内心深处的女儿情思!这是大胡子荷西心中一直坚信的。只是这种情思,这种情愫,被紧紧包裹在女作家的心灵深处。只要有温情融化,潜藏于女作家心底的爱,必定能焕发出莫大的能量。

而作为丈夫这一只爱的右手,绝对不能离开妻子三毛。这一只情郎的右手,有温度、有热量,还有浓浓的温情。只要有这一只右手的紧握,妻子的眼睛就不至于漠然,也不至于彻底寒凉。大胡子荷西的右手,竟成为女作家的救赎与守望。浸润的温度,等待着一颗女儿心的慢慢苏醒。这一只右手,代表着男人的力量,更代表着一个丈夫的承诺与担当。

虽然荷西英年早逝,令我们感到极其惋惜,但是三毛却以她的情怀、文字、信仰,深深地给予我们力量与指引。对于哑奴的怜悯,三毛虽然明知自己的力量微不足道,但她却竭尽全力地唤醒一个奴隶的自由意识。

对于沙漠,三毛表现的是一个男子汉的豪迈与悲凉情怀,亦或者也只有沙漠这一片无边无际的苍凉才是她灵魂的归宿。对于自己的丈夫荷西,虽然也有厨房里的柴米油盐,也有日常生活中的斗嘴争吵,但是三毛却将他们的爱情演绎到了极致的浪漫、极致的艺术。因为在众多读者的心中,三毛和荷西的爱情就是一段不朽的神话。

在我们的生活里是否也会因为烦恼、挫折而放弃前行?在我们的爱情里是否也会因为琐事、矛盾而选择决裂?请大家停下脚步，捧起三毛的书，品读这位女作家的文字，你会发现一种坚不可摧的力量在文字里扎下根基，更有一种历久弥坚的情感在其中闪烁光芒。而我们所谓的难处、挣扎与苦恼，在三毛面前都显得相形见绌，自惭形秽。

让我们在女作家的沙漠情怀里有所反思，有所启迪；

让我们在三毛的爱情传奇里有所觉悟，有所发现。

正如三毛自己告诉我们的："我愿意在这步入夕阳残生的阶段里，将自己再度化为一座小桥，跨越在浅浅的溪流上，但愿亲爱的你，接住我的真诚和拥抱。"

拿什么来抵御生活中的"柴米油盐"?

有人说:"婚姻中不怕感情的疏远与淡漠,就怕柴米油盐、生活琐事,或是彼此间的小吵小闹,这些会磨掉生活的激情,也会殆尽爱情的那份美好。"是的,生活中的柴米油盐真的很磨人,它像一个隐形的杀手,将爱情中的浪漫情愫全部杀死,留下的只有彼此的怨愤与生活的苟且。

有这样一则寓言故事:有一天,有一个男子穿着大衣在赶路。风对太阳说:"我们来做个比赛,谁能把男人的大衣脱下来,谁就是胜利者。"太阳笑眯眯地说:"可以,你先来!"于是,风加大了力度,将风力提升至八级,想把男子的大衣刮掉。而此时的男子紧紧用大衣裹住身体,无论风怎么努力,大衣始终都在男子的身上,风只好败下阵来。接着,太阳懒洋洋地出来了,它没有费多大力气,只是将温度提高至一定程度,而此时的男子已是满头大汗,连忙脱下大衣。太阳笑着对风说:"看来,还是我赢了啊!"

是的,阳光把风打败了。我们生活的种种烦恼,包括夫妻的情感问题、生活的压力问题、婚姻的瓶颈问题等，靠着自己的苦苦挣扎是没有用的，唯有我们敞开自己的心灵，调节自我的情绪，将每一个问题都以阳光般积极的心态来面对，并将情感的这份美好永存于心，我们的生活才会真正充满希望。

我们来看一个女人如何用鲜花、美味与智慧来化解婚姻中的冷寂与混沌。

妻子若琳是那种特别精明干练的女人。丈夫林俊是一名外科医生，工作非常繁忙，加班加点是家常便饭。有时，丈夫长达两三个月都没有一次陪伴她的时间。若琳心里很苦闷，也很伤感。

有一天，若琳晚上下班回家后，带回来了一个崭新的窗帘，一束娇艳的玫瑰花。9点半，墙壁上的时钟一声悠悠的响声，打破了屋子里的宁静。丈夫回到家中，一脸的疲倦，眼眸里满是憔悴。可是，眼前的妻子却是一道别样的风景。看，微微卷起的刘海，显然是刚刚在理发店里梳理过的。刘海的卷起，使得俏皮中透着一丝可爱，给整个人增添了一抹别样的新意。窗帘也是刚刚才换上去的，那是淡黄的蒲公英飞絮，在清风中舞动，好似有一股春光，正悄然唤醒着属于蒲公英的自由心性。一束玫瑰花摆在窗台上，正吮吸着夜晚露水的精华，湿漉漉的，饱满而活跃。餐桌上，一道道美食，精致而馨香，留下了精心雕琢的痕迹。女主人，今天放下了尘世的劳累，准备了一个夜晚的优雅与情趣，等待着男主人膀臂的拥抱与言语的赞赏。

俗语说："女人的三件法宝，就是窗帘、玫瑰花和拿手好菜。"看来,生活虽然忙碌,但是女主人并没有忘记老祖宗流传下来的智慧与教导。在适当的时机,巧妙地运用古老的智慧,这是一个女人的生活睿智,也是一个家庭的幸福保障。

6岁的女儿真真,早已在桌前啃起了糖醋排骨。林俊和妻子若琳相视而笑,眼眸里闪烁着无尽的幸福与满足。

餐桌上,欢声笑语,其乐融融。

女人的双手,拥有魔术师的神奇魔力。虽然林俊还是一脸的倦乏,但是他的眼神里已多了一份坚定与沉静。妻子若琳不再对他的工作表示不满和抱怨,而是给予无条件的支持。而今天,林俊与若琳却多了一份暧昧、一份亲密和一份和谐。

当婚姻生活没有激情时,我们也不要忘了买来一束鲜花装点家的温馨。也许就是你的这一份用尽心思的情趣,就能为婚姻生活点燃新的希望。

坚守，让灵魂升华

2012年诺贝尔文学奖得主莫言曾写过一部小说，名叫《生死疲劳》，讲述的是一位在土改时被枪毙的地主西门闹，在死后经过了六道轮回的故事。小说以"土地""农民"为主题，通过西门闹转世轮回后的各种动物的眼睛看中国土地改革的曲折历程。

在作者的故事里，每一个农民的形象与命运都被描述得淋漓尽致。当然，以披露人性现实著称的莫言，是绝不会放过对人性阴暗与本性丑陋的描述的。但是，在生命的荒芜处，却始终闪烁着人性的光辉。小说中描述的那些农民，在经历生命的磨难与现实的压迫时，虽然也曾软弱、也曾迷茫，但是在生命的关键时刻，他们始终没有忘记土地赋予他们的那一抹纯粹的善意与本真。这就是在那个黑暗的时代，普通的农民心灵所坚守的那一份真挚与美善。

最近，我刚刚读完海伦·凯勒的《假如给我三天光明》。作者讲述了自己令人震撼的励志故事：一个双眼失明的聋哑女孩，通过自己的努力与坚持，成为了令人敬仰的作家。这需要勇气与毅力，更需要坚持与信念。

当海伦·凯勒刚刚失明的时候，她是万念俱灰的，她深深地陷在了黑暗的深渊里。她哭泣、沮丧，不愿意面对，更想远离人群。后来，她通过不断地求索、思考，这样告诉自己："生理上的残疾控制不了你的人生，无论何时都要坚强。"于是，海伦·凯勒完全遵循自己内心的声音，不再自怨自艾，而是拿起一支笔，写下生命中的壮美诗篇。就像她自己在书中告诉我们的："坚定的信心，能使平凡的人们，做出惊人的事业。对于凌驾命运之上的人来说，信心就是生命的主宰。"

商界传奇人物褚时健静静地离开了我们！他的一生，教会了我们什么是应该坚守的，什么是值得取舍的。

他50多岁才开始创业，摸爬滚打将近20年的时间，终于打造了享誉世界的红塔集团。然而他在71岁那年，却是陷入了人生的最低谷，他因为经济问题，从而深陷牢狱之中。有人说他会死在牢房之内，然而三年以后，他获得保外就医的资格。2002年，75岁高龄的他，仍然奋斗不息，重新踏上了创业的旅程。他通过承包土地，开垦耕耘，种植橙子，又成为了家喻户晓的"中国橙王"。

这就是褚时健，一个用生命和鲜血谱写创业传奇的优秀企业家。他的故事给我们以激励与启迪，告诉我们在人生深渊时应该坚守，奋斗不息、拼搏不止。他舍弃的是自我的享乐与生活的安逸，获得的是生命的飞跃与灵魂的升华。

爱意味着奉献

50年代,响应祖国的号召,知识青年上山下乡,理想飞扬,青春沸腾。21岁的克伟,带着简单的行李来到了边远闭塞的路家湾。繁重的劳动,单调的乡村生活,让克伟感到疲累不堪。在这期间,他认识了一个名叫小凤的女孩,她扎着马尾辫,围着红色的围巾,说话娇羞而甜蜜。在女孩的眼神里,克伟看到了一股火热的钦羡与爱慕。

小凤是极其善解人意的,在克伟疲乏的时候,她会悄悄地从家中拿来几颗红枣给他吃。红枣甜甜的,浸润着克伟疲乏的心田。当克伟感觉孤单的时候,小凤总会神秘地从口袋里掏出两个水晶球。水晶球晶莹闪亮,随着阳光跳动着五彩的光芒,小小的情趣竟冲淡了克伟心灵中的寂寥。

小凤和克伟恋爱了。

两年以后,克伟接到调令,准备回城。

"等我回来娶你!"这是克伟临走前,给小凤留下的诺言。

一天又一天,一年又一年,克伟杳无音讯,而小凤却在默默地等待着。

因为思虑过度，小凤疯了！她是如此的落魄，披头散发，衣衫褴褛，像个流浪的乞丐。她母亲看着眼前的女儿，在一旁默默地流泪。

三年后的一个黄昏，克伟回来了。

"我要娶小凤！"这是克伟对小凤妈妈说的话。

"你走吧，你有你的美好前程！小凤还是我来照顾吧！"小凤妈妈这样说道。

克伟坚持自己的想法，他娶了小凤，小凤做了克伟的新娘。婚礼上，小凤表现得极其安静。她依偎在克伟的身旁，温顺得像一只绵羊，眼眸里还闪现着一种幸福的光芒。

克伟是个才华横溢的知识分子，但小凤却总是疯疯癫癫的，有时甚至还会将自己丈夫写的书稿毁之一炬。克伟承受了太大的精神压力，但是他却用自己的温柔与忍耐包容着小凤的一切错误。小凤也有清醒的时候，那时她对自己的丈夫百般温顺，神情里也表现出了太多的愧疚。此时，克伟对小凤更多了几分疼惜与不舍。

克伟和小凤相伴，直至儿孙满堂，一直到白头终老。小凤是幸福的，因为她有克伟英雄一般的担当与承诺。克伟也是幸福的，因为他有小凤的温柔依偎。虽然小凤有时会表现出偏激与痴呆，但在情郎的眼中，小凤永远是一个美丽的女孩。

上面是我的奶奶给我讲的一个真实的故事，在这个故事里，你是否能找到关于真爱的答案呢？

下面我们再来看一个关于父爱的故事。

这位父亲，50岁，工人。他的儿子才20岁，得了白血病。父亲没有流泪哀泣，他扛起水泥包，搬起砖头块，一分钱一分钱地去挣，做这些都是为了支付儿子昂贵的医药费。这位父亲的心中有一个信念："我要我的孩子活着，我要让我的孩子看到第二天升起的太阳。"

听说做裸模可以有很好的收入，于是，这位父亲战战兢兢地来到了一个画室，像个受了惊吓的孩子，与年轻的画家谈与裸模有关的事宜。年轻的画家是善良的，他给了父亲一个做裸模的机会，因为艺术，也因为怜惜在病床上的孩子。但这是一个巨大的挑战——当众脱光衣服，对于普通劳动者的父亲来说，这里隐含着某种羞耻与羞辱。但这位父亲义无反顾地往前冲，带着羞怯与痛苦的挣扎，将自己脱得一丝不挂，然后站在了画家的面前。在那一刻，父亲像一名战士，站在了准备就义的战场上。

年轻的画家惊呆了，在他面前呈现的是：父亲印刻着岁月沧桑的胴体，锻炼得强健的膀臂，还有龟裂的脚，长满老茧的手，忧伤的眼眸。年轻的画家在父亲的身体里，看到了一种独特的美。

当年轻画家笔下的父亲，在展览中出现的时候，赢得了很多画家的赞誉。有关父亲的美丽，在画家们的口中传颂着。但是这位父亲却因此陷入了困境，来自身边的同事和朋友及老家农村的亲人口中的非议、指责与嘲笑，令这位父亲无所适从。是传统审美的世俗狭隘与偏颇，还是这位父亲的美本就属于天堂的高度，世人的目光根本就无法企及？但这位父亲是勇敢的，为了自己的儿子，他顶着巨大的压力，继续做裸模。

从这个关于父爱的故事里，我们看到了什么是责任、坚韧和泪痕。当然，关于父爱，还有很多很多的内容，我们无法用言语来表白，只能用心去慢慢体会。

这两个关于爱的故事是否已经触动了你的心扉？当我们在爱中谈各种条件、用爱去做交易的时候，请看一看爱的真谛究竟是什么。

是啊，真爱是无条件的，真爱也是无价的，它无法用世俗的物质去换取，也不能用金钱的价值来衡量，这是心与心的契合，这是灵与灵的和谐，这是生命与生命的联结。这也是苏联教育家苏霍姆林斯基所说的：“爱，首先意味着奉献，意味着把自己心灵的力量献给所爱的人，为所爱的人创造幸福。”

爱的连锁反应

在一个乡村的中学里,初三年级班上来了一个复读生,是个男孩,他的名字叫小贵,腿部有残疾。走路一瘸一拐的男孩小贵,遭到了其他同学的嘲笑与戏弄,小贵因此而落寞哀伤。不仅仅如此,初三的学习太紧张了,可以说是争分夺秒。当有人遇到不懂的问题,需要向成绩好的同学请教时,也没有人愿意帮忙了。冷漠与隔阂的氛围在班级蔓延着。初三,十四五岁,是一个多么令人担忧的年纪呀。冷漠、歧视与骄傲,都可以成为陷阱与诱惑,带领少男少女们走向荒芜与苍凉。

另一个男孩子熹,给这个班级带来了希望与转机,他也是转过来复读的。子熹来的第三天,就走向了杨小贵,那个腿部有残疾的男孩。

子熹对小贵说:"你是一个好男孩,我们可以成为好朋友吗?"

子熹向小贵伸出了右手,此时的小贵惊讶而又恐慌,他羞涩地笑着,也伸出了右手。两人在握手的那一刻,也开始了彼此的友谊。

从此，同学们经常看到子熹帮助小贵复习英语的情景，因为小贵的英语成绩特别差。这成了这个班级里的一道温暖的风景。从此，很少有人再去嘲笑残疾的小贵，因为大家在子熹的身上看到了爱的真谛与暖意。

男孩子熹的学习成绩很好，当有人向他请教问题的时候，他会先停下自己的学习，然后注视着你，微笑着，细致而耐心地给你解答疑惑。渐渐地，越来越多的同学开始向子熹请教问题，其中就包括一些成绩特别差的同学。子熹认真地对待着每一个向他请教问题的同学，每次都有微笑与注视。这也成了班上的一道风景。这道独特的风景，似一根尖锐的刺，直接指向了那些优等生。他们曾经的埋头苦读，冷漠地对待同学的请教。而现在，在男孩子熹面前，他们为此感到深深的羞愧。

榜样是有力量的，且是无穷的。渐渐地，一些优等生也不再冷漠，而是愿意耐心地解答其他同学的疑惑了。他们也像子熹那样，注视着对方，给对方一个微笑，亲切地给予细致的解答。

男孩子熹带来了关怀与倾听的艺术。一个目光注视他人，并愿意倾听他人心声的男孩，给压抑、沉闷的毕业班带来了一丝亮光与希望。这就是爱的连锁反应。如果你对别人微笑，别人就会对你微笑；如果你对别人愤怒，别人就会对你敌视；如果你对别人猜忌，别人就不能对你表示信任。

有一个非常善良的人，他总是喜欢帮助别人。他每次对别人施以援手的时候，并不要求别人的一点儿回报，他总是会说一句话:"我帮助了你,不要你为我做什么,只是要你给我一个微笑和拥抱,也请你给你身边的人以微笑和热情的拥抱。"他就是这样给身边的人真诚的帮助与扶持,从年轻直至老年。而他那一句关于微笑和拥抱的话语也不知道说了多少遍,连他自己也难以计数。

在他75岁那一年,他摔倒了,手臂和腿部都出现了严重的骨折,生活不能自理。就在他焦虑万分的时候,有一位年轻的大学生来到他的身边,轻轻地对他说:"我愿意照顾您,直至您康复。"老人说:"我要向你支付多少报酬呢?"大学生说:"我帮助您,不需要您的任何回报。我只需要您的一个微笑和一个温暖的拥抱,也请您给您身边的人以同样的微笑和拥抱。"这句话对老人来说真是再熟悉不过了,因为这是他用一生的时间所践行的话。如今,这句话又回到了他自己的面前,这大概就是上天对老人爱的回馈吧。因为每一个爱的付出都不是徒然的,因爱而产生的善果,总会在生命的某个时刻让施爱者品尝到其中的甘甜。而此时,老人与年轻的大学生相视而笑,热情拥抱。只是大学生还不知道,他眼前的这位老者就是这句爱之话语的首创者。

爱是一粒火种,你的每一个善意的行为都会将这粒种子播撒。而你也会在生命的某个时刻,看见这粒种子开出美丽之花,结出希望之果。每一朵爱的鲜花都是对他人心灵的慰藉,每一颗爱的果实都是对别人生命的滋养。愿我们每个人都能在生命的旅程中播下爱的种子,待到山花烂漫时,将有一片希望开满人间。

改变让自我走向新生

我的一个远房表叔，今年已经65岁了，但却整日沉迷于醉酒与赌博之中，整个人没有一点儿儿朝气。每次见到他，他总是唉声叹气地说："我都65岁了，就这么混日子吧。"可是，我却对他说："有的人70岁才开始学新艺术，有的人80岁才开始新的旅行，有的人90岁还在读书和写作。你才65岁，生命还有无限的可能呢。"

表叔听了我的话，眼睛里充满了疑惑与迷离。我知道在他颓废的外表下隐藏着一颗极其衰老的心，他是不会有新的开始的，因为他不敢这样做，他也不愿意有所改变。

在一次醉酒之后，表叔对我倾诉衷肠。原来他也曾经是一名非常有才华的中专生。要知道在那个年代，中专生可是极为稀少的，走到哪里都是香饽饽啊。第一次，有一位知名的企业家想要带着表叔远去深圳开拓一番事业。可是他不愿意离开家乡，又害怕前进路上未知的挑战，而失去了这次机会。第二次，北京的一家大学邀请表叔去继续学业的深造，但是他因为犹豫不决与畏畏缩缩，而再次与"橄榄枝"失之交臂。表叔的一生，有两次可以改变命运的机会，却都因为自身的怯懦、恐惧与狭隘而与其白白错过。人生能经得起几回蹉跎，如今他已经是白发苍苍，一身衰老，谈起往事时，只能是一声叹息，两行热泪。

无独有偶，在我们的村庄上，有一位热爱唱歌的年轻人，他敢于追求自己的梦想，勇于挑战一切艰难。其实他的学历很低，只有初中毕业，可是他有一副不服输的傲骨，他始终相信"天道酬勤"这个真理，只要自己付出足够的努力与汗水，就一定能看见希望的果实。

他先是离开家乡，然后去北京拜师、学艺、深造。没有钱，他就一边打工一边学习；没有住处，他就睡在公园的长椅上，睡在地铁的过道里。一份坚持，蕴含着他内心对音乐梦想至死不渝的热忱与信心。后来，他又积极地参加各种歌唱选拔比赛。他说在比赛中，只要能听到专业老师中肯的意见与建议，让自己的歌唱水平有所精进与提升，他就心满意足了。一次次地奔波，一次次地失败，他的歌唱热情始终在燃烧，正所谓歌唱不止，追逐不息。因为愿意改变，敢于改变，又坚持改变，所以如今的他已经拥了资深音乐人的光荣头衔。

这两个真实的故事告诉我们："怯懦、退后将带来生命的萎缩，改变、行动将赢得成功的未来。"

在我二十多岁的时候，性格非常急躁，经常乱发脾气，常常与身边的人闹得很不愉快，同时我自己的内心也是十分纠结和痛苦的。我在心中不断地告诫自己:"一定要有所改变,不能让自己在浮躁之中丢掉了友谊,丢失了自我。"

于是,我开始寻求改变,最重要的一个方法就是阅读,且是深入阅读。我知道阅读具有神奇的力量,只要我专心、专注,阅读一定能带我走出迷茫,走向新生。我不但每天有计划地坚持阅读,还参加了一些小型的读书会。在与书友的探讨与交流中,可以不断地提升自己的阅读品味,还能高效地拓展自身的阅读思维。

我在席慕蓉的散文里体悟到一种深邃的优雅、沉静之美;我在日裔英国作家石黑一雄的小说里体味到一种历史和现实所凝结的沧桑、思考之道;我在陶渊明"采菊东篱下,悠然见南山"的超然境界里进行灵魂的无限遐想。随着阅读的深入,我的心变得越来越沉静,对一些事情也拿得起、放得下了。而对身边的人,我也不再一味地苛责,而是更愿意倾听他们的心声,懂得换位思考。这给了他人一份宽和的空间,也给了自己一抹自由的空气。

这就是改变带来的神奇效果。从浮躁到沉静,我在"动静之间"领悟到了生活的智慧;从执着到放下,我在"一念之间"懂得了为人处世的秘诀。

行动永远比评论更重要

面对一件事情,我们最容易做的就是提出自己的观点,接着评头论足一番,再转发至朋友圈,然后接受别人的点赞。也许我们的建议和想法真的很多,可是待到行动与实践时却迟迟不肯迈出第一步。因为口头的评论是不需要花费一点儿成本的,只需要动动嘴皮子就可以了,但是付诸行动却要付出时间、精力与心血。许多人都害怕这种耗时耗力的付出,以至于一直以来只是站在起点之上,做点评的高手,做行动的侏儒。然而千里之行,始于足下,万丈高楼平地起,我们需要的是快速地付诸行动,因为只有行动才能真正解决问题,只有行动才能看见最终的胜利。

在遥远的山村里,有一个留守儿童名叫俊俊,他经常破坏村口的水井,还经常偷拿邻居家的食物。所有的乡邻都说他是一个坏孩子,并给予他严肃地批评与指责。直至有一天,村里来了一位支教老师——年轻的大学生小杨。

小杨老师面对俊俊的顽劣,并没有说太多的话,而是在挽救男孩俊俊的这条道路上付诸了最切实的行动。小杨老师对乡亲们说:"俊俊偷拿食物,是因为他实在太饿了。如果我们给予他舒适的生存环境,他就会安分守己的。俊俊破坏水井,是因为他压抑的情绪需要发泄。如果我们给予他提供施展生命价值的平台,他就会有所收敛。俊俊弄坏别人的书包,是因为他渴望上学,对上学的孩子有着莫名的怒火。如果我们能够接纳他,并给予更多的时间等待他成长,他就会变得懂事。"最后,他对乡亲们语重心长地说:"请相信俊俊是个好孩子。"

小杨老师知道俊俊的羽毛球打得特别好。而羽毛球和球拍则是俊俊的爸爸送给他的生日礼物,因此俊俊格外珍惜。小杨老师觉得这是走进顽皮男孩俊俊心里的一个突破口。于是,小杨老师带着几分羞怯,又带着几许谦逊,极为诚恳地请求俊俊教他打羽毛球。俊俊有些惊讶,简直不敢相信自己的耳朵。但小杨老师的态度很真诚,又给予男孩的羽毛球技巧太多的赞美与肯定。俊俊第一次在一位成人的话语里,找到了久违的自信。小杨老师则相信俊俊会在教导羽毛球的技巧中找到成就感,进而找到自己生存的价值。这点儿小小的成就感,就是一道亮光。这道亮光会成为俊俊走向改变之路的一个重要契机。

小杨老师还给俊俊提供一日三餐,使俊俊再也不用饥一顿饱一顿了。他相信让俊俊吃饱穿暖后,俊俊的心就不会再冰冷了。因为温饱不仅可以愉悦一个孩子的身心,还可以带给他幸福的激励。而可口的饭菜不仅能带来安全感,还能带来一份融融的暖意。

小杨老师开始教俊俊识字。虽然俊俊显得有些笨拙，有时也不够认真，但是年轻的老师却极有智慧。他允许俊俊犯错，并让俊俊在认识错误、改正错误的历练中走向成熟。他还给予了俊俊成长的时间与空间，因为他相信：世界上没有完美的孩子，只有逐渐变得更好的孩子。

相信看到这里，大家都会猜到俊俊现在的境况：在一位智慧老师的呵护与爱中成长，男孩俊俊不但由"坏"变"好"，而且还踏上了追逐梦想的旅程。

其实，对于社会上存在的一些问题，比如留守儿童、青少年犯罪、孤残老人等，人们会提出很多宏大的计划与目标，比如大型募捐、建敬老院、儿童福利院等，可是诺贝尔和平奖得主特蕾莎修女却告诉我们："怀大爱心，做小事情！"我们只有将爱心做到某一个具体的人身上，我们的爱心才能真正具有效力。

你说你有爱心，那么你是否对活在你身边的那些弱势人群表达过真正的爱意呢？千言万语不如一个拥抱和一次牵手，雄辩演讲不如半个小时的陪伴与真诚地倾听。是的，行动远比评论更重要，因为无谓的评价就是对他人的一种讥讽，也是一种冷漠的噪声。唯有付诸实践的行动，才是给这个腐朽的世界带来疗愈的良药，也是引领自我迈向更高境界的阶梯。

第三章

享受生活馈赠
接受生活挑战

从自我到他人，从小我到大我

有一个男孩和妈妈走在马路上，看见一个乞丐跪在路边行乞。妈妈指着乞丐对孩子说："孩子，你如果不好好学习，就会像这个乞丐一样，过着悲惨的生活。"

没过多久，也有一位妈妈带着孩子从乞丐身边经过，不过这位妈妈却对孩子说："孩子，你一定要好好学习啊，将来你有能力了，就可以帮助这些孤苦无依的人了。"

两位妈妈，不一样的言语，不一样的教育观。第一位妈妈用自我的狭隘，将孩子囚禁在自私的泥沼里；而第二位妈妈却用开阔的眼界，将孩子引领至大我的境界里。

何为大我，何为小我呢？小我就是完全以自我为中心，不断地为自己谋取利益，眼中没有他人和他人的权益，最后只能是陷在欲望的罗网中无法自拔。而大我则是心中不仅仅有自己，还心怀他人和社会，甚至为了他人的利益而牺牲自己所拥有的一切。这就是一种大胸怀、大境界。

我们所熟悉的世界游泳冠军孙杨，从小就有为国争光的志向。在他心中，不仅装着个人的成败与荣誉，还有一种"我与祖国共荣辱，我为五星红旗而骄傲"的远大胸怀。从个人英雄主义到大我的开阔情怀，经历风雨的锤炼与打磨，如今的孙杨，已然拥有了一份大国名将的笃定与坚毅。

从小我到大我，其实是非常不容易做到的，有时甚至要经受切肤之痛才行。因为一个人的"我"字是非常难以舍弃的，要想脱离"我"字的捆绑，就必须要经历一番挣扎与斗争。就像知名影星周润发，他将自己近56亿的财产捐献给了慈善机构，而他自己却过着极为简朴的生活。发哥这种裸捐的善行，必然要克服自身作为人性劣根性中的贪欲、享乐、迷惑等才行。只有在心中做到心无一物、清静寡欲，才能做到将自己所拥有的钱财捐献给他人。这不仅是一种大智慧，还是一种大功德。

我非常喜欢初中语文老师对我说过的一句话："学到的就要教人，赚到的就要给人。你心中装着的人越多，你生命的境界也就拓展得越宽阔。"曾经有一个中学生向一位非常知名的人际关系学教授请教："老师，请问人际关系的最高境界是什么？需要什么方法与技巧呢？"这位教授笑着回答："人们总认为人际关系需要很多复杂的技巧，比如说话的语气与措辞，思辨的智慧与策略，还有礼仪的得体与合宜等。但是，今天，年轻人，我要告诉你的是，人际关系的最高境界并不是什么高超的说话技巧与谋略，而是只有两个字，那就是'他人'。唯有你的心中装着他人，你才能在人际关系中拥有一份大度与从容；没有你让利于他人，你就不可能为自己的生意前景赢得更加广阔的空间；唯有你倾听于他人，你才能真正懂得何为大气，何为胸怀，何为尊重。"是啊，在人际交往中，如果我们只是为了自我而忙碌着，那么只能是苟且活着。但是如果我们拥有大我的思维与境界，那么我们的人生就能登高远眺。

青春的第一步不是享乐，而是疼痛

有这样一位父亲，虽然他很富有，却坚持让自己的儿子从小就接受必要的淬炼与磨砺。在儿子8岁的时候，父亲给儿子制订了一整套强身健体的计划。每天跑步两小时，就是寒冬酷暑也要坚持。

"你看儿子这么瘦弱，制定这么高强度的运动量，恐怕不行吧。"妈妈有点怜惜儿子。

"正因为他瘦弱，才需要加强锻炼。你要让我们的儿子做一个手无缚鸡之力的懦夫吗？"父亲坚定地说道。

"不是，孩子还小啊。"妈妈继续坚持。

"还小？钢筋铁骨是从娃娃开始就要练起来的。他这么瘦弱，不但保护不了你这个妈妈，恐怕将来连他自己也要被生活打倒。"

"嗯，希望我们的儿子能坚强起来。"

"你不用管，骄纵的结果是你只能得到一个懦夫，只有在艰苦中历练，才能收获一个铁骨铮铮的男子汉。"父亲说得很激动。

"那好吧。"妻子只能妥协。

"你可不要管,不准减少他的运动量,一定要严格按照我的要求来。"

"这事绝对没商量。"父亲再一次强调。

从此,瘦弱的儿子开始了魔鬼式的训练。夏练三伏,冬练三九,风霜雨雪,毫无阻隔。也有抱怨的时候,也有想放弃的时候,但儿子深深懂得父亲的一片良苦用心。在怠惰的时候,父亲会拍拍他的肩膀,给儿子一些鼓励;在想要放弃的时候,父亲一个鼓励的眼神,会给予孩子无限温情的支持;在面对寒冷的时候,父亲会送上一碗暖暖的姜汤;在遇到酷暑的时候,父亲会递上一杯凉茶、一条冷毛巾;在下雨的时候,父亲会陪着他一起在大雨中奔跑,父亲和他一起大喊着奔向前方。

儿子没有放弃,一路坚持,而父亲始终在他身边,给他不断的鼓舞与支持。渐渐地,儿子个头长高了,膀臂更加结实了,眼神里再也不是怯懦的温软,而是刚毅、坚实,是一个男人的深邃。儿子在奔跑的历练中,一天天成长着。儿子在悄悄长大,父亲那双慈爱的眼睛一直在那里,那坚定的眼神里充满着无限温情、慈爱和柔和。

爬山虽然艰辛,却能强健体魄;问题虽然错综复杂,却能训练我们的思维;苦难虽然艰巨,却能塑造我们的品格。在我们的生活中,总有这样一些人,他们正值青春年华,却闲懒、享乐、不思进取,以至于成为大家都唾弃的啃老一族。

作为青年一代,我们能够给予社会的施,就是自身不懈地追求与奋斗。因为只有青年站立起来，这个国家才能屹立不倒；只有青年奋斗不息，社会才会有所进步；只有青年充满抱负，世界才能有真正的改革与更新。请记住，年轻一代对于社会最好的馈赠，就是梁启超笔下的："少年智则国智，少年富则国富；少年强则国强，少年独立则国独立；少年自由则国自由；少年进步则国进步；少年胜于欧洲，则国胜于欧洲；少年雄于地球，则国雄于地球。"

抛弃怀疑，拥抱信心

有一个家庭遭遇不幸，32岁的丈夫死于车祸。全家人都陷入无限悲伤之中，年迈的父母整天以泪洗面，妻子和孩子也是悲痛交加。但是妻子是一位慈善人士，8岁的小男孩也经常跟随妈妈一起参加公益活动。因慈善信念的缘故，妻子相信自己的丈夫已经进入天堂安息。对此，妻子深信不疑。孩子有时也会和妈妈一起说："爸爸是好人，他一定会得享安息的。"妻子和孩子虽然很悲伤，但是他们却能得到来自心灵深处的安慰。

每次放学回家后，小男孩总会对妈妈说："我们要传递爱心哦！"于是，小男孩的这句"我们要传递爱心哦！"成为弥漫在整个家庭的抚慰剂。爷爷和奶奶平时性格比较坚强，但是在灾难面前，他们也变得无比脆弱。每逢孙子说"我们要传递爱心"的时候，两位老人家总能看见孩子脸上闪烁的那一抹喜悦的光芒。而在那时，他们曾经的那颗坚硬的心灵，也会变得柔软起来。他们也会跟着孩子一起说："是啊，我们要彼此相爱啊！"8岁的小男孩用他单纯的信心传递着他的大爱之道。爷爷和奶奶在他的身上，不仅得到了一种无形的安慰，还看到了一种坚毅的信心之光。

何为信心？一位哲学家这样说："你们若不回转成小孩子的样式，断不能成圣。"是的，虽然小孩子软弱、无助，有依赖性，还需要温暖的呵护，但是他却能体会到来自身边的每一个感动的瞬间。此外，小孩子还比较单纯，心里没有太多的诡诈与权谋，他更容易相信，也更容易被信任，所以在小孩子的身上总能散发出强韧的信心。

也许在这个纷繁复杂的社会里，我们看惯了尔虞我诈，我们习惯了欺骗虚伪，我们更是对厚黑之道了如指掌，殊不知，我们就是在这些小聪明之中丢掉了信心。我们需要相信，我们需要信任，我们更需要信心。愿我们都能回归到小孩子的状态，就像哲学家所说的"小孩子的样式"，让世界少一点儿诡诈，多一点儿温情，让心灵少一点儿扭曲，多一点儿清洁。你想说小孩子没有力量吗？你想说小孩子没有能力吗？那是因为你不知道所有的生活、艺术、人际都隐藏在"真小孩"这三个字的内涵里。成人的思维只有谋术，唯有"真小孩"的思想才是真正的"道"。

有一本箴言书，里面有这样一句关于信心的表述："信，是所望之事的实底，是未见之事的确据。"是啊，看见才会相信，那不叫信心；唯有没有看见就会相信，那才叫信心。

有一位老师找到台湾的李家同教授，说他们想新建一所学校，但审批土地的事情遇到了一点儿困难。李教授告诉他："我们先把整个团队的信心提升上去，然后再考虑审批土地的事。"那个老师却说："我们要先把土地批下来，然后再考虑提升信心的事。"究竟是先提升信心，还是先审批土地，这是两条道路。这位老师走的是实践之路，而李家同教授走的是信心之路。实践之路充满了人为的聪慧、谋划，里面满含挣扎、艰辛。而信心之路则是提升整个团队的软实力，一边筹划，一边行动，一边提升信心。如果整个团队的软实力不堪一击，就是再豪华的学校，也不会有太大的作为。如果教师团队有坚韧的信心素质，就算是在深山上的残破校舍里，也会传递出非同一般的教育信念。

我的小学老师曾经给我们讲过一个寡妇奉献的故事。在一次慈善募捐活动中，一个穷寡妇只是奉献了两个小钱，却得到了主办方的大大夸赞，因为这位妇人将自己所有的养身钱财都奉献给了有需要的人。人们都在传讲这位妇人奉献的心志和大爱的情怀，但我在这里却想补充另外一点：那就是这位寡妇还有一份坚定不移的信心。她将自己所有的养身钱物都奉献了，却不担心自己未来的日子该如何过。因为她对未来有充足的信心，相信靠着自己努力，必能供应自己今后的生活所需。因为充满信心的人从来不会缺衣少食，更不会陷入生活的荒芜之地。

当年以色列人过红海时，抬约柜的祭司并不是等红海的水全部退去才开始行走的，而是在红海波涛汹涌时，就跨出了那关键性的一步。如果没有十足的信心，恐怕看见红海的大浪潮就被吓得双腿发软了。正是因为祭司的信心，才能在风浪之中跨出信心的步伐。

　　让我们在工作、生活之中抛弃掉怀疑、恐惧、怠惰，以信心的预见、信心的行动、信心的视野来迈向璀璨的胜利之地。

正确的目标引领生活的方向

一位工作达三十多年的职业经理人曾经留下话:"冷静地看,细细地品,不放过蛛丝马迹。反复斟酌,慢慢深入,心中自有铁算盘。"这是他对本职工作的深刻总结,同时也给我们带来了启迪与警示。

我们一旦踏入社会,就是在向自我发起挑战——用奋斗战胜自身的怠惰,用严谨克服自身的顽劣,用清醒克制自我的混沌。我们可以有两种工作态度:第一种是你在工作中疲于奔命,只是为了赚得应有的经济报酬。第二种是你为了理想而战,在工作中注入精神力量与生命内涵。我想大多数的人都会选择第二种工作态度,因为在人们的潜意识里,理想永远大于生存,梦想价值永远优于经济收益。

想要寻求人生的理想,就必须要做到确立目标,修炼心性。在工作中,我们绝不可以敷衍了事、得过且过,我们必须要确立方向、树立标杆。从普通职员到职业成长,再到最后的跨越界限,超越梦想。要想达到最高目标,我们就要做到每一年有计划，每一个月有计划，甚至每一个星期都有计划。每一个点滴计划的努力打拼，汇聚起来，就能成就一个远大的梦想。

记得在参加工作的第一年，我给自己定下的目标是在一年之内，完成基础管理知识的学习，包括人际关系、文案水平、审慎力与剖析力的培养等。为了达到这个目标，我一刻都不敢让自己松懈下来。阅读管理方面的经典书籍，向老师虚心学习，并参加网络管理教育平台的学习培训。追求目标的过程是艰辛的，但也是快乐的，因为我在用100%的努力去实现自我价值，因为奋斗的人生从来都是自带荣耀光环的。知识、能力可以靠时间与努力来积累，而对于心性的修炼，却是需要悟性、智慧与耐心并存的。我认为要想有所成就，首先就必须热爱自己手中所做的工作。我常常对自己说一句话："若在爱中工作，就会有无限创新；若在萎靡中工作，则会如僵死一般沉寂。"在爱中工作，就是在工作中倾注热情与爱，这可以带领我们进入自我成长的历程。只有不断成长，才能有所发现、有所创造、有所作为。

在追求理想的过程中，我们要问自己的第一个问题就是：当你的职业生涯遇到瓶颈的时候，你是否有足够的毅力去面对？毅力需要在不断地实践与磨砺之中锻炼。

我的表哥从去年开始参加会计专业的成人自考。在准备学习的过程中，他的身体总是出状况。他也曾想过要放弃，但是在家人的鼓励和自我的坚持下，还是坚持带病去学习，最后顺利地拿到了毕业证书。

没有目标，就没有工作的动力；没有坚持，就没有毅力的坚守。所以，当你想要放弃时，请对自己说一句："坚持，坚持，再坚持！或许在下一个阶段，就会看见奇迹发生。"

我们需要问自己的第二个问题是：你是否能在嘈杂的社会环境中找到最适合自己的那个位置？比如一个有孩子的女性工作者，想要在事业上有新的突破，那就必须根据自己的家庭情况，斟酌着安排自己的学习时间。她需要在时间上慢一点儿，再慢一点儿，因为女性工作者不但是单位的脊梁，同时还是家庭的支柱。这就需要她做到生活、家庭和工作三个方面的平衡。当然，要想达到平衡的效果，还必须依靠家庭成员的共同努力来完成。一旦家庭中的妻子选择了工作，那么她的丈夫、公公和婆婆就必须给予她支持，并在照顾孩子这件事上做到共同分担。我们从来不相信女强人可以独挑重担，因为家庭的和谐靠的是全家总动员，靠的是彼此的扶持，相互的照拂。

当你有一个明确的目标，并下定决心为之奋斗的时候，全世界都会为你开路。因为有梦而无惧，因为有梦而无悔，因为有梦的人将会赢得更多人的青睐与鼓励，同时也会获得更多契机的资源与支持系统。

让我们不再虚度年华，让我们从明天起，开始以梦想为起点，以拼搏为基点，扬帆起航，勇敢追梦，直至奔向朝阳升起的地方，与阳光共舞。

种子带来的哲理

有一次，我外出游玩，晚上我们住宿在乡村的民宿中。夜晚，我和老板闲聊，他指着民宿门前的一棵枣树对我说："你看门前这棵枣树和其他枣树有什么不同吗？"

我仔细观察这棵枣树，它还很小，不过却很强劲。这棵枣树的根部很干燥，甚至是有点干裂。

"老板，你该给这棵小枣树浇水了。"我对老板说。

"哈哈，经常浇水的枣树，一定扎根在浅浅的泥土里，根部不深，枣树也很脆弱，经不起风雨。而我的枣树，却不经常浇水。我让它在干燥的环境中一直往下扎根，以至于根部很深，所以我的枣树很强劲。就是狂风暴雨也不怕啊。"老板的话，意味深长。

"老板，你的意思是……"

"其实，做人跟种树是一个道理。如果你生活在温室的环境里，给予你呵护太多，那么你就会产生依赖性，也不敢冒险，甚至也不愿意独立。只有让自己到历练中去，到熔炉里去，我们才能长成栋梁之才啊。"

这位来自乡村的将近60岁的民宿老板,通过一棵枣树的成长给我传递了做人的道理:历练之后才坚劲,风雨浇灌就强韧。

在我读小学的时候,我的老师曾给我讲过一个哲理故事:"古时,有一个修道士,他种了一棵橄榄树。他祷告说:'主啊,求你降下雨露来滋润这棵小树苗。'于是,天上降下雨露。第二天,他又祷告说:'主啊,求你让阳光普照在小树苗上。'于是,阳光慷慨地洒下来。第三天,他又祷告说:'主啊,求你让小树苗不要遭受风霜雨雪。'于是,小树苗在一片平安的环境里成长。这位修道士以为他的这棵小树苗在如此安逸的环境中长大,一定会生长得很茁壮。可是,没想到的是,没过多久,这棵小树苗就枯死了。修道士十分费解,为什么小树苗会死去呢?在梦中,天使带他去看了另一棵橄榄树。他看到这棵树长在悬崖上,这里常年经历风霜,环境也很恶劣,似乎断绝了一切庇护,可是这棵树苗却长得枝繁叶茂、绿意盎然。天使在梦中只说了一句话:'历练的力量。'此时,这位修道士才恍然大悟,从此他也在这棵小树苗身上学到了一个功课:安逸生闲懒,风雨炼铮骨。"

这位老师讲的故事,直到现在我都记忆犹新。故事给我带来的启迪就是:"不要整天待在温暖的阳光下,适当的时候也请到险滩、悬崖和幽暗的地方看一看、走一走。因为只有险滩和悬崖才能练就一副强健的骨骼,也只有经历幽暗的熬炼,才能知晓光明的真谛。"

当我回到家乡，那是一片广袤无边的乡村世界，我的父亲会给我讲述与土地有关的哲理。土地哲理可以延伸至生活寓意，并能进一步衍生出生命哲理。父亲对我说："孩子，你看到面粉的细滑了吗？那是因为麦子经过痛苦的碾磨；你看到苹果的美丽了吗？那是因为经历了从春到秋的磨砺等候。磨炼，有时不是祸端，而是一种化装的祝福啊。"

"化装的祝福？祝福在哪里？"

"孩子，祝福隐藏在土地之中，很神秘，难以猜测。我们唯有默默地等待，让时间来回答吧。土地是黑色的，冰冷的，却有种子在里面孕育。种子是有温度的，是有热度的，种子的梦是为了秋天的硕果累累，种子的梦是为了餐桌上的米饭馨香。一年又一年，土地是一个伯乐，一个称职的伯乐，帮助一粒又一粒的种子，完成了一年又一年的丰收梦。种子似一匹又一匹的千里马，在土地的厚实保障里，自由驰骋，直达梦想的彼岸。"这是关于土地的赞歌，里面蕴藏着丰富的内涵，我还很年轻，不能完全读懂土地，就像父亲所说的我需要时间，我需要时间的积淀与积累，在一天一天地成长与淬炼中才能一点一滴地了解土地，读懂土地，直至最后融入土地，在土地中融入灵魂与鲜血。直到那一天，我才能算真正地属于土地，并可以骄傲地说自己一声："我是农民的儿子。"

你在为谁而努力

她叫依若，是个既美丽又可怜的女孩子。她年纪轻轻就得了重病，家里因为给她治病，变得一贫如洗，最后却只能眼睁睁地看着这朵青春的花朵一天天地凋零。

每个夜晚，当夜深人静的时候，微弱的灯光下，女孩依若都会拿起一支笔写下一些文字。这个习惯她已经保持了好几年了。依若刚开始生病时，她的爸爸妈妈带着她四处求医，可是钱花了不少，病情却不见好转。因为生病，一切的绚丽和精彩好像都与依若断绝了关系，病床上的她被灰暗和冷清包围着。她哭泣过，也绝望过，觉得上天对她实在是不公平。她原本应该是活力四射的，却因为生病而没有了青春女孩的健康活力，她的世界变得一片阴郁。

与女孩一起阴郁的，还有她的爸爸和妈妈。依若的家里本就贫寒，现在女孩又患重病，家里不但一贫如洗，而且还债台高筑。依若的爸爸本就沉默，如今又多了一分忧伤，而依若的妈妈则是每天以泪洗面。女孩依若和她的家都沉浸在悲伤的气氛之中。

后来，依若的妈妈又病了。直到妈妈去世，依若才知道，原来她的妈妈早就生病了,但是妈妈放弃了治疗,把生的希望留给了女儿。依若崩溃了,她伤心欲绝,不知道这个世界还有什么能支撑起她这颗脆弱的心灵。直到一天晚上,她拿起笔写下了一段文字,并将所写的文字投稿到了一家报社。一个月后,这段文字在报刊上发表了,依若欣喜不已。就这样,一段段的文字传奇开始在依若的笔下诞生。是这支在微弱灯光下的笔,为女孩依若开创了一片新天地。依若不再以泪洗面,她有了力量,有了勇气,更有了信心。

女孩依若的故事告诉我们:当我们陷入绝境的时候,绝不能以眼泪和哀叹来打发时光,一定要站起来,行动起来,别让自己的生命陷在无边的黑暗里,要用自己的眼睛去寻找光明的方向。依若在患病中第一个想到的就是写作。如果说读书是对这个世界的诘问与探索的话,那么写作就是依若对生命的思考与追寻。因为写作,依若获得了生命中的那一抹深刻与凝练。

《为你自己读书》是著名心理作家肖卫的一部经典著作。这本书的作者因为读书而改变了命运,创造了自我生命的新境界,从而用励志的文字为人们指引了方向。从这本书的题目可以看出作者要探讨的课题就是:"你为谁而努力?你努力的目标与方向是什么?"从而进一步追问:"你努力的那一抹最纯粹的初心在哪里?"

青春成长的过程本身就充满挣扎、挫折与艰难,甚至伴随着泪水、疼痛与哀泣。作者虽然也指出了青春是复杂的,但却告诉我们这绝不是迷惘、没有目标和没有方向的。我们在读书中与智者相遇,在阅读中与哲理相随,在品读中与思考同行。一本经典的书籍,凝聚着一位作家一生的思想精髓,里面充满了智慧的箴言与精辟的哲思。可以这样说,读书可以带领我们从迷茫走向觉醒,可以让青春的颜色从苍白与简单迈向深邃与厚重。阅读的过程就是在探索世界本质的起源,我们在阅读中可以透过表象进行深刻的剖析,然后找到问题的关键点,从而将世界的本质看得清晰明朗。探索之路没有止境,唯有在路上不停地追寻,不断地追逐。其实,这追寻的过程就是自我不断完善世界观、生命观以及价值观的历程,也是逐渐提升生命品质的奥秘所在。

唯有自己有所积淀、有所成就,才能让别人信服于你。我们所要做的第一步,就是先沉淀下来,然后踏踏实实地学习、阅读和努力。在一点一滴的进步中,在日复一日的成长中,慢慢地积累起自己的思想基石与资源能量。

"你有多久没有朗读了?"央视主持人董卿的一句追问,触动了我们的灵魂。问一问我们自己:是否已经被娱乐和游戏占据了全部的时间?是否已经无法感知经典文学里的韵味与深意?我在反思中有所觉醒,告诉自己不但要拿起书本来阅读,还要进一步培养自己的阅读习惯与阅读兴趣,从而让自己的阅读目标更加明确,进而找到自己读书的那一方田园。

就像文章开头讲到了那个女孩依若,即使是疾病缠身,也要在起床之后,捧起一本书来阅读,用清晨的勤奋来迎接黎明的第一缕曙光。

让生命绽放在阳光与挑战之下

小狮子每天都要在妈妈的带领下练习生存的本领,从奔跑到捕食,从伪装到躲避,都要进行艰苦的训练。酷暑来临,森林里弥漫着闷热的空气。可是,狮妈妈依然早早地催促小狮子起来训练。

"何必这么辛苦呢?你看我每天躺卧在土地上,不是照样生活得好好的吗?"地上的野草这样对小狮子说道。

小狮子的意志开始有点动摇了。

"人生苦短须尽欢啊!你看我整天依附在大树之上,真是享尽了悠闲啊!"缠绕在大树上的牵牛花这样对小狮子说道。

本来就对狮妈妈的刻苦训练计划心存抱怨,在听到牵牛花说出和野草类似的话语后,小狮子彻底泄气了。他准备离开妈妈,去寻找一种安逸舒适的生活。

就在小狮子准备离家出走的时候,小河马送了他一面魔镜。

小河马对小狮子说:"魔镜可以实现你的一个愿望。只要你对着魔镜说出你的心愿,魔镜就会神奇般地帮你圆梦。"

小狮子真是欣喜若狂！他迫不及待地对着魔镜大声呼喊道："亲爱的魔镜，请让我远离磨炼，让我拥有无比舒心的生活吧。"

只见一道红光从魔镜里射出，刹那间，小狮子就被带到了一座瑰丽的花园里。这座花园的主人是人类，里面有各式各样的动物。它们都被圈养在笼子里，而且都被养得白白胖胖的。

"你被安置在这个笼子里，以后每天都会有人为你送来美味的食物，你再也不用去为生存而奔波了。"一个中年饲养员对小狮子说道。

小狮子快乐得尖叫起来，因为这就是它梦寐以求的生活啊。

第一天，小狮子吃了美味的红烧肉和叫化鸡："真是爽啊！"

第二天，小狮子吃了香甜的红烧野兔和酱板鸭："真是美味啊！"

可是第三天到来的时候，小狮子有点闷闷不乐了，因为这里没有一点儿挑战，也没有一点儿工作，它开始变得无聊和烦躁起来。

等到了第七天，小狮子变得忧郁起来，他开始思念起自己的家园，他开始怀念那种自由而富有挑战的生活了。

"我要出去，我要出去！"小狮子在笼子里开始大声疾呼。可是，没有一个人理他，因为这里所有的动物都在昏昏欲睡，早就已经丧失了倾听的能力。

"孩子，你怎么了？"旁边的老牛问小狮子。

"牛爷爷，我要回家！"小狮子悲戚地说道。

第三章 享受生活馈赠，接受生活挑战

"这里不是很舒服吗？森林里多凶险啊！"老牛说。

"可是，我觉得我现在活得不像一头狮子！狮子就应该生活在广袤的森林里呀。"

"是啊，那里才是狮子真正的家啊！孩子，你终于醒悟过来了。想当年，我也是为了安逸才来到这里的。可是，待久了以后，我才感到后悔莫及啊。不过，孩子，我已经快要离开这个世界了，我生了很严重的病。在每一个动物临终前，都能获得一次跟魔镜对话的机会，我把这个机会让给你吧。因为我是如此苍老，而你还这么年轻。"老牛说着，眼含热泪。

小狮子也在流泪。

在老牛临终的那一刻，老牛得到了魔镜。但是，他把这唯一的一次机会让给了年幼的小狮子。

"孩子，回到森林里，去接受挑战吧。"老牛说着，永远地闭上了双眼。

"牛爷爷，牛爷爷，我要你跟我一起回去。"小狮子望着老牛，大声哭泣着。可是，牛爷爷再也听不到他的呼唤了。

在魔镜的帮助下，小狮子再次回到了森林里，他又回到了狮妈妈的身边。

当他再次回到森林里的时候，森林正遭遇百年一遇的干旱。

"你还愿意接受严苛的训练吗？"狮妈妈问小狮子。

"我愿意！"小狮子坚定地回答道。

"你还愿意接受森林里严酷的环境吗？"

"我愿意！妈妈，唯有在拼搏中才能成长，唯有在历练中才能找回做狮子的尊严。因为这里有自由，这里更有一个作为狮子的尊严。"小狮子说着，眼睛里闪烁着光芒。

小狮子和狮妈妈一起用意志力和坚韧来抵御恶劣的环境，他们在奔跑，他们在前进，他们在抗争，他们在对命运说"不"。

小狮子再去看望野草的时候，野草已经干枯了。

小狮子再去看望牵牛花的时候，牵牛花早已在干旱中枯萎了。

"不要听萎靡者的声音，要倾听内心最真实的召唤！"

这是小狮子自己的领悟，亦是他的觉醒！

上面这个童话故事告诉我们一个千古不变的真理："千磨万击还坚劲，任尔东西南北风。"

有的人因为父母的溺爱、包办一切，以至于失去了锻炼与磨砺的机会，成为了行动的低能儿；有的人因为害怕远行、挑战与奋斗，而失去了最好的创业机会，以至于成为社会的包袱；有的人因为不思进取，不求改变，以至于墨守成规，成为"老态龙钟的青年"。生命的意义在于奋斗不息，挑战不止。肌肉越锻炼越发达，脑袋越思考越聪慧，灵魂越淬炼越强健。就像一位企业家所说的："你努力不一定会成功，但是你不努力就一定不会成功。只要努力了，你就会心存希望，并朝着希望的未来前行。"是的，努力就有希望，奋斗就有标杆，挑战就有未来，改变就有力量！

第四章

所有挫折都是为了
让你更完美

在生命的荒芜处守住生命的尊严

有这样一个小故事：一个身体极度衰弱的老人，虽然接受了来自政府的资金救济，但是却拒绝住到敬老院里去，他坚持每天劳动，自给自足。他对别人说："我要的不是坐吃等喝的安逸生活，我虽然年老，但我也要一份做人的自由与尊严。"而更值得人敬佩的是，这位老人将捡来的垃圾，包括各种废铁、塑料、彩带，通过自己灵巧的双手将其整合、加工，使其成为一个个富有价值的工艺品。老人将这些亲手制作的工艺品卖给乡邻们，以赚取自己的生活所需。

而另一个老人，同样是身体衰弱，可是他不但自己不劳动，还整天挖空心思地去领各种救济品和慰问金。每天他还不停地抱怨政府给的救济款太少了，大家也都不怎么关心他。在他的心里，想到的只是不劳而获的索取，却从未想过要付出，他内心的尊严之光是那么的黯然而落寞。

同样是命运不济，有的人会因贫困而潦倒，有的人却是心若在梦就在。是啊，物质上的贫穷并不可怕，可怕的是精神上的贫穷。丢弃了尊严，意味着丢失了一切。

最近，我去看了美国电影《绿皮书》，里面的主人公唐让我有了深深的反思。唐是一名黑人音乐家，因为肤色问题，他曾遭遇讥讽、压迫与欺凌，但是他有一股顽强不息的意志力，通过自己的勤奋、拼搏，最终登上了事业的巅峰，成为当地首屈一指的钢琴演奏家。他原本可以在纽约、华盛顿等大城市弹奏钢琴，然后拿高昂的出场费，并受万人敬仰。可是，唐却选择了长途跋涉，去一些偏僻的小镇里进行演出。他的目的只有一个，那就是让人们看到黑人音乐家的风采，让人们在减少歧视的道路上可以迈进一个台阶。一路上，绿皮书———本黑人专用的旅行指南，一直引领着这位黑人钢琴家的脚步。一路上他受到了不公平的待遇和各种歧视与异样的眼光，但他都隐忍着、忍耐着，只是为了完成这次伟大的反歧视之旅。唐如此忍辱负重，为的就是得到那一抹来自他人的尊重，更是为了赢得自身的那一丝尊严。就像他在途中对他的司机托尼所说的："最重要的就是作为人的尊严，唯有尊严让你活得像个人！"直至最后，当白人餐厅拒绝唐进去用餐的时候，他利用自己的决绝演出来进行抗议与斗争，这不仅是他人生第一次对他的白人雇主说"不"，更是他灵魂深处对于权益与尊严的呐喊。

　　尊严，就是让生活在底层的人们拥有一份难能可贵的价值感与获得感；尊严，就是让肤色不同、性取向不一样、地位悬殊的人能够获得一份特别的尊重，并让他们生活的空间更加自由，更加有归属感。让我们都能收起有色眼镜，远离歧视，不再漠视，给人应有的尊重，给人一丝人性的温暖，让这个世界更加自由、更加美好！

生活给我以芒刺，我回报以赞歌

听，远处传来一阵喧闹声，那是一群人在公园里讲话。他们说的不是彼此的劝慰，不是心得的交流，而是闲言碎语，鸡毛蒜皮的小事。李家那个刁蛮的媳妇，张家那个不争气的儿子，还有老林头家那只丑陋的小毛狗。全是批评、论断与责备，没有一句赞美。

迎面走来了一个姑娘，她有着兔唇，还拄着拐杖。众人一阵哄笑。"好丑陋的女孩啊！""是啊，这女孩真丑，哈哈。"……这就是众人对眼前这个姑娘的评语。

姑娘走了，来到了公园的另一个角落。面对着湖泊、杨柳和小鸟，姑娘在歌唱，那是一首老歌，关于革命的歌曲，但歌声中却洋溢着奋进的意味。姑娘一个人静静地歌唱。激昂的歌曲，竟让姑娘演绎出一种宁静的美。因为孤寂，所以安宁，于是便有了一个人的思考与歌唱。一个人的思考，触及深邃；一个人的歌唱，诠释深度。可能够读懂姑娘的人，却是少之又少。正如那些给予她嘲讽与讥笑的人，在闲谈中，他们演绎的全是麻木与盲目，正走向热闹的康庄大道。而姑娘却径直走向僻静的幽谷，或许只有歌曲里的灵魂才是她的知音。

面对众人的闲言碎语，姑娘一言不发，用赞歌代替了愤怒与抗议。是的，赞歌化解了一切的仇怨，赞歌和解了内心一切的不安。姑娘在歌唱中原谅了众人，也释放了自我。

战胜生活的智慧就是：当生活给我以芒刺，我回报生活以赞歌。当我们可以以德报怨的时候，我们就迈上了人生新的阶梯；当我们可以对他人的刁难、指责一笑置之的时候，我们的心灵就提升到了新的层次；当我们可以在困境、挫折、迷茫中唱起赞歌的时候，我们就成为了生活中的勇敢者，而非怯懦者。

希望就在眼前

有两兄弟去远方探险,在一座深山之中,他们迷路了。前面的村庄似乎并不远,可是兄弟俩怎么走都走不过去。

"难道这就是人们所说的'迷宫山'吗?"哥哥轻声地对弟弟说。

"'迷宫山'那么可怕,哥哥,你可不要吓我呀。"弟弟战战兢兢地说道。

"不要紧,往前走就有路,不要怕。"哥哥不住地安慰着弟弟。走了两天两夜后,弟弟已经筋疲力尽了,他沮丧地说:"难道我们要死在这座'迷宫山'吗?"哥哥沉默,不知道该如何回答弟弟的疑问,因为他自己也疲惫得没有一丝力气了。

哥哥在前面走着,忽然大声惊呼道:"弟弟,你看,这里有一行字。"

弟弟快速凑上前去,看到了一行字:"我是一个旅行者,虽然这是一座'迷宫山'。但是,前面就是出口,就在不远处。你们不要怕,这条路我曾走过。"这一行字,刻在拐角的石头上,清晰而醒目。

"好了，就要到出口了。"弟弟一阵欢呼。

在接下来的路途中，哥哥和弟弟一扫先前的阴霾，充满了信心和盼望，走向前面的出口。终于走到了出口，前面就是一个村庄。村庄里绿树成荫，人声喧哗，一片繁华的景象。

哥哥牵着弟弟的手，行走在热闹的人群中，感觉无比的快乐。因为他们走出了荒山，走进了人群，内心不再恐惧。

"告诉你一个秘密。"哥哥对弟弟说。

"什么啊？"

"那行字是我刻上去的。"哥哥轻轻地说道。

"就是那行给我们带来鼓舞和希望的字吗？"弟弟惊讶地问道。

"是啊，你不觉得当时你已经丧失了信心吗？所以，我这招叫信心催化剂。"哥哥乐呵呵地说。

当哥哥看到迷路中的弟弟丧失信心，甚至陷入无限恐惧之中时，他想到了这样一个奇妙的方法，用一行醒目的大字给弟弟以鼓励和信心。可以说这行字，就是弟弟继续前行的勇气、士气和胆量的源泉。

是的，希望就在眼前，或许在下一秒就能看到奇迹，只要你坚持不放弃。在前进的道路上，有人只走了个开始，有人走了一半，有人快要走到终点时却选择了放弃。世界上最容易的事情就是放弃，可是放弃却意味着失败与功亏一篑，意味着一事无成。

唯有坚持，坚持到底，才能走向成功。虽然坚持会经历风霜雨雪，会经历艰难险阻，但是坚持却能让你的意志更加坚定，让你的信念更加成熟。只要你在前进的道路上有所坚持，有所坚守，就一定能在生命的某个时刻收获丰硕的果实。

当腊梅花开的时候，你要知道春天的脚步已经不远了，请不要再说寒冬的阴冷，你要做的就是耐心地等待，这样你会迎来一个万紫千红的春天。当启明星微微亮起的时候，你要知道黎明的曙光即将来临，请不要再说黑夜的幽暗，耐心等待片刻，你就会看到东方的日出，迎来阳光明媚的一天。

磨难是另一种形式的召唤

央视著名主持人郎永淳的妻子吴萍,在 2011 年罹患乳腺癌。生病以后,吴萍去美国进行治疗,与癌症进行了艰苦的生死搏斗。他们夫妻二人合著了一本书,叫《爱,永纯》,里面非常详细地讲述了妻子吴萍的抗癌历程。

在其中一章里面,吴萍说了这么一句话:"我发现自己生病以后,幸福感反而比以前更加强烈。"许多人感到不理解,说怎么生病了还会感到幸福呢?其实,吴萍的视角与我们不一样,她觉得如果自己的身体很健康,就会整天忙于工作,疲于奔命,还会有各种各样的饭局与应酬,以至于在忙碌中忽略了夫妻之间的交流,也因此没有了陪伴家人的时间。而那时的自己虽然收获了金钱、名利,以及他人的赞誉,但是自己的内心却是一片荒芜,因为不能很好地感受最亲密的人之间的那种依偎与呢喃,或是逗乐与情趣。而生病以后,一切工作都停止了,虽然也有一些焦虑和紧张,但是自己可以有大量的时间和家人在一起。可以和自己的丈夫看一场电影,不用赶时间,只需要静静地品味着、消遣着即可。而且因为自己生病，家人也愿意给自己一份宽和，曾经的那些意见不和、不愉快都可以在此期间得到化解与释放。就这样，家里多了一份和谐，而自己的心灵则多了一份宁静与温馨。这就是吴萍在患病中领悟到的另一种生命智慧，让我们能够在疾病的阴郁中，感到一丝难能可贵的感动与暖意。

前几年有一部非常感人的香港电影——《桃姐》。当桃姐生病的时候，有牧师前来为她做祷告。"生病，你将更多地体察别人的苦楚，以至于使自己可以成为更好的安慰者。"牧师的这句祷告，既充满人性的温暖，又蕴含哲理的韵味。是的，我们发现大多数拥有大爱情怀，投身公益事业的人，自己都曾经经历过苦痛的磨难。正因为他们曾经身受磨难，所以才更能体会到他人的苦涩，心灵也因此多出了一份同理心与怜悯心。

也许我们经历的所有磨难，都是生命里另一种形式的召唤。经历黑暗，为的是让我们带领他人走向光明；经历痛苦，为的是让我们成为他人无助时的抚慰；经历流泪，为的是让我们在他人哭泣时能够伸出温暖的手擦干忧伤者的眼泪。

当我们以更高更开阔的视野来看待自己所经历的磨难时，我们就会很快地从痛苦的泥沼中走出来，因为我们在帮别人分担痛苦、缓解忧伤时，自己的心灵也会得到一种不一样的舒畅与自由。这就是当代雷锋郭明义所说的："帮助他人，快乐自己！"这也是格力董事长董明珠所讲的："企业家最大的使命不是赚更多的钱，而是为了成就更多的他人，帮助更多需要帮助的人。你的心里装着的他人越多,你的人生就越开阔,你的境界也就越高远。"

曾经有一家报社给读者出了一个讨论题,问这个世界的问题出在哪里?当然,大家的回答五花八门,千奇百怪。有人说是社会制度的诟病与弊端,有人说是分配不均和贫富分化,有人说是公民个体的自私与欲望等。但是作家切斯特顿却给了最简短而平静的回答,他说:"在我!"是的,就这两个字"在我",干脆利落而充满智慧。要想让这个世界变得更美好,我们没必要去要求别人应怎么样,我们所能做的就是"在我"——在于我是否能够伸出双手,在于我是否能够做出改变,在于我是否能够付诸行动。当我们可以从我做起,从小事做起,一点一滴地向前迈步的时候,那么我们的磨难也会成为他人的祝福,我们的社会也更将充满活力与生机。

当黑暗来临时,请坚守本心

有一位农民在饲养牛羊的时候,从来不在牛羊的食物中掺任何添加剂,而是用最纯正的粮食和青草来喂养。虽然使用添加剂可以让牛羊快速增肥,但这位农民却坚持用自己的土法饲养。

"你知道粮食的食是怎么写的吗?"农民问旁边的儿子。

"这个太简单了,就是人字下面一个良心的良啊。"儿子爽快地回答道。

"你说对了,一语中的。是的,人的良心就是食物的食。"农民说得很认真。

"爸爸,你的意思是?"儿子疑惑地问道。

"我们的牛羊是要卖给他人的,而他人是要把它们端上餐桌的。'民以食为天',食品的安全尤为重要。"农民说着,表情严肃。

"我知道了,所以父亲你才坚持土法饲养。"

"是的,这就是人的良心,也是我们一直提倡的。给他人吃的东西,要先给自己品尝,这是我给你的训言。"

"爸爸，这也算是家规吧，你把这个也写进家规里面吧。"

"那你可要严格遵守啊。"

"肯定遵守！"

父子俩相视而笑，眼前的绵羊在阳光的映衬下，显得更加洁白，像雪花一样。

因为这位农民一直坚持土法饲养，所以他饲养的牛羊安全、纯净，让人放心。人们纷纷前来购买他饲养的牛羊，并给出很高的价格。而他的这种做人的良知之道，也成为了他家世代相传的家风家训。

这个故事给我的一个警示，就是做人要坚守本心的纯粹，切不可陷入欲望的泥沼。罂粟花在阳光下格外妖娆，可它美丽的花瓣里却隐藏着最黑暗的毒素。罂粟花虽美，却代表着黑暗与罪恶，这让我首先想到了赵宝刚导演的电视剧《永不瞑目》。剧中陆毅扮演的大学生，原本正处于青春年华，前途光明，却因为卷入罪恶交易而陷入生命的沼泽地。

在如今如此复杂的社会形势下，我们更要对罪恶有十二分的警惕、警戒与警醒。首先我觉得应该是思想上的觉醒意识。我们应该多学习与扫黑除恶有关的科学知识——认识罪恶、科学防范、有效阻断。我们也要建立良性而健康的人际关系，多交良师益友，在积极、友爱、和谐的关系中健康成长。这样既可以愉悦我们的身心，让我们的心灵变得阳光开朗，同时也能让我们处于正能量的人际氛围之中，让我们的心灵不再迷茫与无奈。这就要求我们杜绝利益交织的人情关系网，拒绝"走后门"、撇弃"潜规则"，凡事做到讲规矩、肃纪律，在心中种下正能量的种子。正如一位作家所说的："当你的心里充满阳光时，黑暗就不会来骚扰你。"

真善美是我们中华民族的传统美德，这不仅是我们每个家庭的良知和坚守，更需要延伸到整个社会之中，包括公共道德、职业道德、社会秩序与社会规则等。

何为本心呢？本心就是当初自己出发时那一抹最真的纯美与纯粹，代表的是心灵深处的至真至纯。只有我们坚守本心，才能有最深邃、最醇厚的信仰；只有守住信仰，我们这个民族才不会落寞，中国这两个字才能闪耀出不朽的光辉。

在日常生活与工作岗位上，我们应立志与黑暗决裂，与罪恶隔绝，初心不改，坚守信仰，努力探寻，向着阳光照射的方向砥砺前行！

不畏独自一人

什么是"不畏独自一人"呢?那就是耐得住寂寞,可以独自沉思,可以暗夜静默。有时,我们真的很害怕独处,不管怎样都要往人多的地方扎,KTV、舞厅、商场,等等。可是,我们在纵情过后又会得到什么呢?殊不知,一切灵感的源泉都来自于静谧中的审慎与凝思,一切的著作都是在暗夜与屋内完成的。如何才能做到不畏独自一人呢?这就需要我们静下心来,离开人群,退到旷野之地,在凝神中思索,在无言中沉默。这就是美国演员罗兹所说的:"一个人没有朋友固然寂寞,但如果忙得没有机会面对自己,可能更加孤独。"

一个夜晚,一位学者走在一条林荫小路上,离他最近的是一座活动板房。小小的房子,在寒夜的冷风里似乎在瑟瑟发抖,凄凉地诉说着自己的落魄与悲戚。而这座小屋的旁边则是个垃圾场,垃圾用它的恶臭与肮脏肆虐地攻击着小屋主人的味蕾与生命。小屋的主人很懦弱,对垃圾的攻击没有做任何反抗,显得柔和而驯服,就像是一只被铁链捆住的小羔羊。

小屋的主人是一对祖孙——奶奶和孙子,他们经常会在夜晚的垃圾堆里翻找东西。那里有什么呢,让他们那么认真地寻找?也许里面只有一个矿泉水瓶,只有一个方便面包装盒。幸运的话,或许还能捡到一盏废旧的台灯,一个残缺的玩具车,而他们却像捡到宝贝一样兴奋。垃圾竟成了他们的希望!在这对祖孙看来是希望的东西,不过是一些人心中丝毫不怎么爱惜的废料罢了。

今天,路过的这位学者已经很累了,夜晚的冷风也吹得他瑟瑟发抖。夜那么黑,月光那么暗淡。当他经过小屋时,却听到屋里传来了一阵歌声。是一个老人和一个小孩的声音。就是那对祖孙!虽然声音不够洪亮,音调也不是很准,更没有优雅的旋律,但听在耳中却是如此真诚,使听到的人都会觉得那是发自内心的歌唱。"生命的河,喜乐的河,缓缓流进我的心窝。我要唱那一首歌,唱一首天上的歌,头上的乌云,心里的忧伤,全都洒落。生命的河,喜乐的河,缓缓流进我的心窝……"一遍又一遍,两个人的声音时高时低,时强时弱,但却一直热情不减。学者在那一刻停住了,这是来自贫民区的歌声吗?贫民区也有歌声吗?小屋破落、凌乱,但歌声却令人肃然起敬。这歌声,令小屋闪现着无上的荣光。

学者带着满腹的好奇心,走进了这座小屋。男人的冒昧,让屋里的老人和孩子怔住了,歌声也在顷刻间停止了。老人立即站起身来,脸上堆满了笑容,欢迎这位陌生的客人:"您好,先生,请问您是……"

小孩大约十一二岁,也立刻站了起来,脸上露出了害羞的微笑。

"哦,我是被这里的歌声吸引来的,你们还唱歌啊?"

"是的,先生,我们经常唱歌,唱的是赞歌,赞美的歌。"老人笑着回答。随即拿来一张小凳子:"先生,坐吧。"

"谢谢。"学者对这个回答惊讶极了,"赞美,你们还赞美?你们的生活这么贫寒,你们哪里还有力量来赞美?"

"呵呵,叔叔,让我们再给您唱一首歌吧。我想这首歌可以回答您的问题。"小男孩这样回答道。

"奶奶,我们就唱《苦难中的赞美》吧。"

老人和小孩的歌声再次在小屋内响起:"为什么暴风雨中,小鸟却在巢里安息?还能在,还能在风雨后,看到高空彩虹。那时候,小鸟就展翅飞翔,迎面向彩虹欢呼。为什么荒漠里,总有绿色绽放?还能在,还能在清晨,迎来露珠滋润。那时候,绿色的小草就像遇到知己,与露珠谈论有关水的传说。为什么苦难中,总有赞歌?还能在,还能在旋律里,寻到有关幸福的音符。那时候,就有天使与我们一起歌唱,一起欢呼。"

歌声在小屋飘荡着,而这位学者的心却被震撼了。这真是一个新颖的知识——"苦难中的赞美",多么美妙,多么给人力量和鼓舞啊!

在那一夜,学者听了好多好多有关赞美的歌,都忘记了回家的时间。贫穷至极的祖孙俩竟能唱出赞美的歌，他们可以勇敢地面对命运的不公，并用自己的歌声对抗生命中的缺乏与寒冷。他们是孤独的，因为他们的歌声没有观众、没有掌声，更没有鲜花，但是他们却在冷寂中唱出了对生活的热忱，在孤独中唱出了对生命的赞颂。这就是"不畏独自一人，我若芬芳，蝴蝶自来；若寻红尘无知音，不如隐形自孤独"。

不惧人潮汹涌

何为"不惧人潮汹涌"？就是面对纷繁的世界和嘈杂的人群，我们能够保持内心的那份坚定的宁静之光。有时，我们在追求理想的过程中真的很脆弱，在别人的声声议论中会迷茫、会疑惑，甚至有时会摇摆不定，直至最后选择了放弃。我们需要的是在人群的喧闹中坚守初心，在他人的非议中坚持己见。一切伟大的思想与哲理，都不是在繁华的闹市里成就的，而是退到旷野之地，与自己的心灵面对面。只有这样，才能抛弃一切羁绊，从而拥有自我思想之精髓。

十五年前，当我们家还处于贫穷状态时，21岁的姐姐恋爱了。那个男人叫明，没有房子，工作也很一般。邻居和朋友们都议论纷纷："这个男人不能嫁啊！""跟这个男人要受苦的！"但是姐姐的态度很坚决，说非这个男人不嫁。在他们恋爱的第三年，他们结婚了。当很多人在房子、车子、票子的标准中，攀比式地挑选夫婿的时候，姐姐却孤傲地选择了爱情。因为爱情，所以结婚。姐姐是落伍了吗？姐姐是傻子吗？但我知道，姐姐在成为新娘的那一刻，她是幸福的，是绽放光芒的。也许，那一刻，爱神丘比特把姐姐当成了自己新时代的知音。

所有的人都在问:"这个傻姑娘会幸福吗?"人们都在等待一个结果。这也是一场较量,是世俗的财富欲望与心灵的自由宁静之间的较量,是金钱与爱情之间的较量。姐姐和那个叫明的男人,会给这场战争一个答案,邻居、亲人、朋友们,还有妈妈和我,都在翘首以待。

婚后的姐姐和明开饭店,做食品加工零售,到苏南打工,很辛苦也很努力。但做得都不是很成功,日子依然过得很拮据。那时的姐姐辛苦、劳累,人也瘦了一圈,但年轻的姐姐和明却没有抱怨、哀叹,更没有丧失继续走下去的信心。彼此的关爱,相互的陪伴和理解、鼓励与支持,都成了他们在困境中最好的安慰剂。我知道,贫困中的姐姐依然是幸福的。姐姐是一个斗士吗?她在用自己的亲身经历来颠覆一个世俗的观念吗?有钱才有幸福,这一个世俗的观念。可是在姐姐这里它却是谬论,是胡说八道。姐姐和他的明用清贫中的坚守,向我们诠释了一个新名词,即有爱才有幸福。如今的姐姐和她的明,通过不懈的努力与坚守,终于守得云开见月明,不但在事业上小有成就,还买上了新房和新车。从艰苦中一路走过来,患难与共的他们对现在的幸福更多了一份感恩与珍惜。

没有金钱支撑的婚姻,姐姐和明勇敢地面对他人的流言蜚语,靠着内心的那份执着的信念和坚守,一路走过来了,不,应该是一路挺过来了。人潮涌动中,有着太多的嘈杂与喧哗,以不变应对万变,以沉默回应七嘴八舌,姐姐成了最终的胜利者,这就是:"走自己的路,让别人去说吧。任它风吹雨打,我自岿然不动。"

唯有坚持信仰，才能砥砺前行

　　信仰究竟是什么？学者易中天说："信仰不是互惠互利，信仰不是某种交易。信仰是一种笃定的坚守，哪怕是遇到艰难、危险，甚至是生命之忧，也要坚持到底。"是的，信仰是无法用金钱来衡量的，也是不能用金钱来交换的，因为信仰本身就是无价的，也是与金钱无关的。与信仰的内涵相契合的是良知、信念、灵魂和正义。

　　最近，著名主持人崔永元、白岩松，作家莫言，院士钟南山都在谈信仰，他们是想通过自己的努力，给这个发烧的社会带来一丝良知的清醒，信念的醇厚，灵魂的纯粹。纵观改革开放四十年，我国的经济水平可以说是突飞猛进，然而我们国人的道德水平是否也在进步之中呢？为什么现在老人跌倒了无人敢扶？为何现在明星的生活如此夸张奢靡？为何现在人情淡漠，人心浮华？我们需要在内心深处拷问自己的良知，更需要在灵魂深处追寻自己的影子是否还在原处。就像有一年春节晚会上，喜剧演员沈腾在小品中说："人跌倒了可以扶起来，可若是人心跌倒了，就再也扶不起来了。"

在一次培训课堂上,讲师在PPT上给学生们展示两幅图片。图片上是一个抱着孩子的妇女行走在雨中,而后面有个男人急忙追上去,撑开雨伞,为妇女和孩子遮风挡雨。老师向学生们提了一个问题:"你们知道这个陌生的男子为什么要帮助这母子俩吗?"学生们的回答也是五花八门的,有人说这个男子之所以施予援手,就是为了跟女子要相应的报酬;有人说这个男子心怀不轨,看中了女子肩上的名牌包包;有人说这个男子就是为了作秀,想赢得别人的夸奖与赞誉。此时,老师的心中一阵漠然,他沉默过后,对学生们说:"这两张是六七十年代的老照片,这个男子帮助母子俩没有任何企图,只是为了学雷锋而已。"

是的,就是三个字"学雷锋",简简单单,明明白白。学生们听到答案后,眼睛里闪现的更多的是疑惑、不解与迷惘。是的,时代不同了,人们的思想与观念都发生了翻天覆地的变化。我们的经济腾飞了,可是我们却变得越来越功利,越来越媚俗。我们选择不再信任彼此,我们选择不再相信纯粹的爱,我们选择不再无条件地付出。就是这三个"不"字的选择,让我们的心越来越荒芜,没有了那份久违的天真,也忘却了曾经的那份美好。

索尔仁尼琴是俄罗斯的良知,林肯总统是美国的良知,鲁迅是中国的良知。每个国家,每个时代,都会出现一位伟人,这位伟人将给国家、社会,以至于这个世界带来深入灵魂的诘问。

当然，我上面所说的信仰比较宏观，也比较宏大。下面，我们就来谈一谈对普通人来说，又应该如何坚守本真的信仰。春风吹来，不但植物在复苏，蜜蜂、蝴蝶和小燕子也纷纷赶来拥抱春光。蜜蜂忙于采蜜，燕子忙于觅食和筑巢，好像只有蝴蝶是最悠闲的。可是，你能藐视蝴蝶的生命吗？听一位哲学家说过一句关于蝴蝶的名言："蝴蝶身上的每一道美丽的花纹，都是在挣扎中留下的伤痕。"是的，每个人都能看到蝴蝶在飞舞时的悠闲，但是却没有人知道它们在茧壳里挣扎的阵痛。还有，蝴蝶绝不会在垃圾堆和泥沼中久留，能够让它们驻足的，也只有花丛，且是美丽的花丛。

近日，网上流传着一张五名印度小孩的"自拍照"，人们在朋友圈竞相转发。你们知道吗？这五个穿着破旧衣服、光着脚的小孩，手里拿的不是手机，他们举起的"镜头"只是一只拖鞋。可是他们面对"拖鞋"，竟也能快乐地摆起各种造型，生怕流失了自己脸上一丁点的美好。这张照片的拍摄者是印度著名男演员博曼·伊兰尼，他在照片的附文上写下了这样一段话："只有当你选择要快乐时，你才会感到快乐！"

是的，你的快乐只有你自己知道，也只有你自己可以掌握。当你的心里一片阳光时，就算在低谷之处，也能寻找到阳光的影子；当你的心选择欢乐时，就算一无所有，也能做到苦中作乐。就像路边的那朵不知名的小花，无论怎样的环境，它都要在春天来临时绽放最艳丽的花朵。虽然很小，也没有人欣赏，但是它却一定要绽放，因为它不是为别人而存在，而是为了自己，为了自己的四季轮回，为了自己的生命绚烂。这就是我们每个人的信仰之道：不做别人的赏玩之物，而是要绽放自己生命中最绚丽的颜色。因为我就是我，是颜色不一样的烟火。

第五章

掌控进退之法
把握幸福之道

放下执着，才能看见亮光

今年六月初，李斌的生意面临破产，他同时也陷入了生命的低谷，因为忧思过度，他生病住进了医院。医院的病房里，弥漫着消毒药水味儿，阳光也不充裕，周围全是伤残病人的哀泣声。李斌躺在病床上，一脸的阴郁。虽然妻子给他炖了美味的竹笋老鸭汤，可他还是提不起兴趣去品尝。

"失败是成功之母，我们可以重新来过，我相信我们的未来一定会更加美好的。"妻子一直鼓励着李斌，可李斌就是不能释怀。

病房里来了一个小男孩，大约10岁的样子。他长得虎头虎脑，身体微胖，一双眼睛炯炯有神，异常闪亮。

第一天，小男孩轻轻地唱了一首朝鲜族的民谣，听说是他外婆教给他的："小屋火炉对饮，凉棚两人对弈；孩童草丛追蝶，老人依恋夕阳的妩媚。好一幅江南好春光，祖国大好河山美景胜似天堂。"

小男孩的音调并不是很标准，嗓音也有一点儿沙哑。但是，你看,他满脸堆笑,充满热情,身体在不断地扭动,好不欢快啊。所有的病人都被小男孩的欢乐感染,每个人都露出了开心的笑容。此时,李斌也露出了久违的笑容。

第二天,小男孩在跳舞。他那胖乎乎的身体随着音乐在不停转动,屁股一摇一摆地抖动着,忽然,他一个踉跄,跌倒在地。众人哈哈大笑,小男孩却一本正经地说:"你们知道吗,我的舞蹈可是有深刻寓意的,它叫《拥抱阳光》啊。"

"我看叫《与土地亲吻》吧。"其中一个病人调侃道,众人又是一阵大笑。

一旁的李斌却忽然有所觉悟:刚刚小男孩身体前倾,双臂展开,对准窗台,大概就是拥抱阳光吧。是的,一定是这样的,因为他的眼睛里闪烁的是无限的渴望。

第三天,小男孩从医院的花园里摘来了一朵月季花。他把火红的月季放在了李斌的床上,轻声说:"叔叔,你就像月季花一样美丽。"月季花是红艳的,小男孩的语言是火热的,李斌那颗冰冷的心也正在被这丝火焰渐渐融化。

后来李斌才知道,小男孩得的是白血病,这个消息让他陷入了悲伤之中。

第六天,小男孩发起了高烧。

第八天,小男孩戴上厚厚的口罩,被推进了重症监护室。在小男孩离开病房的那一刻,李斌看到了小男孩的眼睛正深情地凝望着窗台上的那一缕阳光。那是黎明时分,东方的第一缕阳光。

李斌离窗台那么近,他却没有看到;而小男孩离窗台那么远,他却在奋力地追寻着太阳的光芒。是啊,那是黎明的第一缕阳光,是何等的新鲜,是何等的珍贵啊。

小男孩戴着口罩,他不能笑,更不能歌唱,等待他的将是残酷的医疗器械。医疗器械是冰冷的,但李斌知道,小男孩的心是温暖的。因为他的眼睛正努力寻找着阳光,阳光是多么仁慈啊,他一定能让病重的男孩拥抱它的炙热与温暖。

"你就像月季花一样美丽。"这是小男孩留给李斌的唯一一句话,语言轻盈,很快就消散在了空气之中。但是,却在李斌的心中留下了深刻的印记。因为这是一句关于生命坚韧与尊严的箴言。虽然出自孩子之口,但却蕴含深奥的哲理。

"10岁的小男孩都可以笑对病魔,难道我就可以被一次的破产而打败吗?绝不,我要起来,我要拥抱阳光。"这是李斌内心的独白。

抛开笼罩的阴郁,李斌又开始行走在阳光的路上。

10岁小男孩给予这位濒临破产企业家的拯救不是巨额资金,不是商业赞助,而是心灵的鼓舞与生命的激励、启迪。而心灵的鼓舞与生命的启迪却比千万元的金钱更加弥足珍贵。希望小男孩早日走出阴郁的病房,拥抱阳光,奔向希望的未来。

选择放弃，就意味着放弃希望

有这样一个很有趣的小故事，说有一个橘子抱着自己在匆匆行走。路人问橘子："你这样死死抱着自己走路不感到累吗？"

橘子答道："我是真的很累啊。"

路人再问橘子："你既然都这么累了，那为什么不放下呢？"

橘子答道："如果我选择放下，那么我下一秒就会被人无情地吃掉。"

是啊，我们的人生又何尝不是这样呢？如果我们感到重压时就第一时间选择放弃，那么等待我们的结果就是被淘汰，像一个鸡肋一样被丢弃在无用之处。

80后作家韩寒，年少轻狂的他曾受到一些人的质疑与批判，而如今他却集作家、赛车手、导演于一身，成为青年一代的楷模。韩寒人生的每一个阶段都充满了挑战。他学历不高，却能奋笔疾书，一度成为畅销书作家。当他的写作生涯达到巅峰时，他又开始挑战赛车，既是圆自己儿时的梦想，又是给自己的人生创造更多的可能性。当他拿到一个又一个冠军的时候，他又开始转战影视行业，做起了导演。他所执导的《飞驰人生》，让我们看到了一个知性、深刻，又感性、诙谐的新晋导演的风采。这就是韩寒，挑战的人生永不知足，奔跑的生命永不止息。

有一天，妈妈带着女儿去春游。那一天，天气很热，阳光很毒辣，走到半途的时候，女儿感到很疲乏，而身上的背包却很重，压得她喘不过气来。于是，女儿对妈妈说："我可以把背包里的东西丢掉一些吗？因为它实在太重了。"

"你可要考虑清楚了，如果你丢掉背包里的东西，那么到时你真正需要用到它的时候，你就会感到茫然无措。"妈妈这样对女儿说。

"你确定要丢掉一些东西吗？"妈妈再次问女儿。

"是的。"女儿回答得很坚定。

于是，妈妈帮助女儿丢掉了背包里的一些东西，女儿前行的脚步变得轻快起来。

又走了一会儿，女儿感到口渴了，就对妈妈说："妈妈，我想喝水。"

"可是孩子，你刚刚已经把背包里的矿泉水给丢掉了。这是你当初的选择，你就要承受现在的后果。当你选择了暂时的安逸轻松，就要承受将来的压力与苦涩。"

这个小故事也可以引申出人生的大哲理。我们生命中的每一个难处与危机，都是锻炼我们生命品格的契机。如果你选择放弃，选择丢掉肩上的负重，那么你的生命将是轻浮而不能抗压的。一旦你将来面临人生的重大考验时，你轻飘飘的生命将是不堪重压的，会一击即溃。要知道，当你在重压中没有选择放弃，而是凭着毅力与信心挺了过来，那么你在挫折中的点滴经历，都会成为你奋斗路上的宝贵财富。

对于理想和目标，如果我们选择停滞不前，不去尝试，那么成功率只能是零。如果我们可以勇敢地迈出第一步，并开始尝试着去做，那么成功率可以提升至20%。而如果我们可以花费心思、好好地去做，那么成功率可以提高到60%。而如果我们在前进的路上不断创新、不断突破，那么我们就成功了80%。而如果我们可以在追求的道路上用尽全力、不遗余力，有种破釜沉舟的勇气与果敢，那么我们将顺利抵达成功的彼岸。是的，活着就要锲而不舍，就要突破瓶颈，因为只有这样，才能创造出丰富而独特的生命价值。

当海滩上的沙子进入蚌体内的时候，蚌一开始会觉得很不适应，但是它自己又无法将其弄出体外。好在蚌有一种隐忍和包容的精神，它并没有心生怨愤，而是一点一滴地用自己体内的养分将沙粒包裹起来，并逐渐将沙粒与自己的身体进行融合、交汇。到最后，这普通的沙粒就会变成极为美丽的珍珠。做人也是一样的道理，我们要向蚌学习，学习它的适应性，学习它面对不如意环境时的坚韧与忍耐，学习它无限包容的胸怀，学习它让一切不利因素都可以"为我所用"，直至最后让自己的人生像耀眼的珍珠一样。

著名女演员马伊琍是一位知性、睿智的女性，2018年她凭借一部《我的前半生》斩获白玉兰奖最佳女主角奖。她的获奖感言感动了无数的女性，她说："人的前半生，没有对错，只有成长。人的后半生，唯有学习不可放弃。"

不放弃才会不被抛弃，唯有成长与坚持，才能创造人生的辉煌与价值。

懂得反思的人生充满无限可能

小斌是个喜欢独立思考的孩子。在上幼儿园的时候,老师教同学们画一条小河。回家后,小斌认真作画,费了很大的心思。可是第二天,老师却将他画的河流圈了起来。小斌傻了,他立即找到老师问个明白。

"小河的流水怎么能是红色的呢?你画错了。"老师一本正经地说。

"可是,在我的想象里,小河的流水可以是红色的呀。"小斌据理力争。

老师依然坚持自己的意见:"重新画,你画错了。"

小斌委屈地流下了眼泪。

回到家里,小斌把这件事告诉了爸爸。

爸爸看着满脸委屈的儿子,面带微笑,一副镇定自若的样子。

"爸爸,为什么河流不可以是红色的呢?"小斌怯生生地说。

"河流可以是红色的啊!"

"那老师为什么说我画错了？"

"老师被某些框框给束缚住了，可是童年的心灵可以有无限想象的空间。"

"老师也可以错吗？"

"是的，老师也有犯错的时候。你自己要敢于怀疑、敢于追求真理。"

"好。"小斌点点头，如释重负地回答道。

父亲想要告诉年幼的儿子，不要拘泥于形式，要勇敢怀疑、勇敢探索。

"真理从来不在老师的手里，而是在自己的追问里。"这是爸爸对小斌的忠告。

孩子画的河流可以是红色的，孩子画的河流也可以是五颜六色的。孩子的想象空间，需要我们用心去呵护！在父亲的鼓励下，小斌可以勇敢地画一条红色的河流。他的世界还有很多条红色的河流，需要他用双手去描绘。只是现在他的双手是如此稚嫩，需要一双宽阔的大手去扶持他。这双手布满老茧，离他最近，这就是父亲的手。

早春，桃树开着淡淡的花，风一吹就轻飘飘地飞了起来。出去走一趟回来，小斌的头上就沾满了细细的花瓣，还有淡淡的桃花香。桃花年年开放，孩子的童年却只有一次。父亲懂得孩子的心声，也知道童年的意义。

学校要举办绘画比赛。小斌不想参加，说那样的绘画很累，而且失去了自由，就等于失去了童真。父亲也觉得很有道理，不过他还在犹豫。父亲曾经去看过一次儿童绘画展览，虽然那些孩子的画作也很有艺术韵味，但他总觉得缺少了些什么？当然不是技巧与形式，而是缺了一种童真与童趣。当孩子的画作显得是那么中规中矩的时候，我们应该对此有所警醒与反思。此时在父亲心中想到的不是孩子是否能够得奖，而是怎么去守护孩子的那颗纯真的童心。孩子画画的水平可以慢慢提升，但是如果孩子的童心丢失了，他的生命又该多么黯淡无光啊。当画画对孩子不再是一种单纯的快乐，而是一种处心积虑的比赛时，那么他已经不再是一个儿童，或者他的心灵已经离儿童世界很远了。

"没有童心的童年不是我们该给孩子的礼物。"父亲这样告诫自己。于是，小斌没有参加那次比赛。虽然没有得奖的兴奋，但是小斌在画画时，依然有那种单纯的幸福。这种幸福是那么平静、那么恬淡，像是置身于田园之中。

这位父亲用一幅画的沉思拯救的是孩子的成绩吗？答案明显是"不"！因为在这位父亲的眼中，还有比成绩更重要的东西，那就是孩子的兴趣，孩子的情绪，孩子的童年。

愿做父母的都能以敏锐的观察力将孩子生命中的禁锢与辖制剔除，用自由与爱守望孩子的童年，让孩子的童年充满阳光般的希望与幸福。

这位父亲用自身的反思与探索，寻找到了爱的真谛。当然，关于爱的真谛，我们还可以延伸出生活中的种种关于爱的话题。

比如我们的夫妻之爱，我们是否只关注物质生活的贫与富，而忽略了配偶的情感需求、心理需求与爱的需求呢？还有我们对父母的爱，是否只是给了他们一些礼品和钱，而忘记了给予他们温馨的陪伴呢？如果从爱的深层次进行探讨，我们可以抛弃一切物质的、浮华的、世俗的东西，静下来、停下来，用陪伴与守候来实践真正的爱。

从紫砂艺术中领悟出的人生智慧

唐代韩愈有句诗是这样的:"至宝不雕琢,神功谢锄耘。"可谓道出了"雕琢"二字的精意。

紫砂壶的雕琢艺术从一开始就注重工艺的纯粹与精致,更是在其间注入了诗韵与意境。没有雕艺的"执我"初心,就没有高超的工艺水准。从选料到雏形,再到成品,每一项流程都是经过精雕细琢的,绝不能出现一点儿粗劣制造。

细节决定成败,紫砂雕刻大师们专注于细节的严格把控,在细微之处见识功夫,在关键之处呈现完美,让精品紫砂壶将品质品相与人文气息、艺术韵味并重。其实对于精致紫砂来说,大师们真正做到了从价差到价值差的超越。因为价差谁都可以做到,而价值差却是无法取代的高附加值。正是有了坚定不移的意志,执着不变的精神内涵,才有了历代紫砂雕琢大师们在忙碌工作中练就的灵魂内敛与心性纯真。

历史的长河里,我们的紫砂艺术是世界多元文化资源中的一个物种。它具有自己独特的地位、作用与价值，有其生存的土壤和一定时期内继续发展的合理性和必然性。而且紫砂艺术根植于宜兴这片文化底蕴厚重的古老城市，具有深邃的文化积淀与艺术蕴藏。在多年的发展历程中，紫砂成为了中国人民自己所喜闻乐见的艺术种类，它起到了增强民族凝聚力、提升文化内涵的积极作用。

总之，它就是人民心中的挚爱，中华民族的瑰宝。今天，由于信息与交通的快速发展，当世界越来越朝着"快餐文化、功利文化"靠近的时候，紫砂艺术的传承者们也确有责任为保留自己的独特文化做出应有的努力，使其独特的价值免于消亡。

追根溯源，中华传统文化同样可以反映历史的痕迹。特定的文艺作品可以作为反映一个时期的标志。而紫砂艺术就是其中的佼佼者，且具有珍贵的艺术价值。可以说紫砂艺术的发展轨迹，就是一个民族历史进程的缩影。从浪漫主义到豪放派，从婉约派到现实主义，这一系列的紫砂风格种类，正是浓缩了时代的变迁与历史的流转。

紫砂艺术这个概念很大，且艺术种类的范围也很广，要想真正让民族的紫砂艺术传承下去，首先不是想着怎样去大力宣传，而是应该静下心来潜心研究传统的紫砂艺术，从艺术的深层次和内涵的高视野去一步步挖掘、探究与思索。如果认识不够，只是在表面上下功夫，做的时间再久，都谈不上去传承。

我们还应该明白一个道理，那就是"艺术是没有分界线的，也是没有阻隔的"，每种风格的文艺，每种特色的艺术终归是相互联系、融会贯通的。艺术是一种善于表现和激发感情的艺术，也是一种与心灵有关的艺术文化。它是作者情感的表达与宣泄，同时它也给欣赏者一种陶冶与熏陶。这种抒情方式，随着不同的地域环境、不同的社会政治和不同的生活方式所表现出来的文艺形式，也是精彩纷呈、百花齐放。

所以，我们在传承传统紫砂艺术的同时，更应该以开阔的视野看待紫砂，在世界艺术中汲取养分，从单一艺术向多元艺术发展。"一花独放不是春，百花齐放春满园。"因为只有这样，大家才能够相互沟通，生命才会交融，紫砂艺术才会永不静止，永葆生机！

紫砂即生命，艺术即心灵！紫砂艺术，是历史的馈赠，是时代的瑰宝，是民族的骄傲。艺术的美感，让我们在学习中激发自我对真善美的追求。紫砂艺术与世界艺术的融合，让我们的视野更加开阔、生命的境界不断得到拓展。

紫砂雕刻的精致告诉我们，生活不可以将就，唯有将自己的人生活成一种艺术，才是人生大赢家。紫砂生命的蕴含告诉我们，生活中处处是哲理，只要我们善于发现，善于思考，就一定能参透人生智慧，获得生命更新。紫砂与人的生命融合告诉我们，紫砂的生命在于人，而人的生命则在于灵魂。当艺术、生命、灵魂三者达到和谐的时候，那就是用言语无法形容的天人合一。

如何提升生命境界

《少有人走的路》这本书的作者 M. 斯科特·派克将哲学思想与人生理念进行了深度融合。本书的论述不是简单的叙述，它通过对生活中的故事与案例进行论证与剖析，以及对天地自然的细致讲述，向我们阐释了道的丰富内涵。

比如书中提出的工作之道，就是在有所为中而有所不为，在竞争社会中达到不争境界。作者告诉你言多必失，需少言寡语，因为真正的话语权是建立在诚信之上的，而非能言善辩之上。作者告诉你只有先有所不为，以后才能有所为。这两者的次序是绝对不能颠倒的，只有悟出其中的奥秘，才能泰然处之。

作者具备坚韧的均衡人格，他让自己的性格更加具有韧性、抗压性与包容性。具备均衡性格，从深层次意义解释就是为自己的生命留一点儿静谧。这样的性格教会了我们如何在纷繁复杂的社会环境中，找到心灵的那一根静寂心弦，使得生命走向淡定与超越的境界。具备均衡性格，会让你的人际关系游刃有余，且能获得更真实的友谊；具备均衡性格，会让你的生命得到蜕变，从而更加拥有行动力。在实践过程中，我们需要在性格上进行多方面的操练与磨砺。性格均衡，不再苛求，不再纠结，让自己在职场中拥有更加广阔的发展空间，正如一句箴言所示："青鸾脉脉西飞去，海阔天高不知处。"

何为生命境界的真谛？这不是权术之道的游刃有余，而是能够以洞察力探索到生命需求的本质，从而让自己的所作所为达到心坎之上，让生活与灵魂的生活达到一种平衡、融合的状态。

探索生命的本质就是透过表象进行深刻的剖析，找到问题的关键点，从而更加清晰明朗地看清心灵的本质。探索之路没有止境，唯有在路上不停追寻、不断追逐。其实，这追寻的过程，就是自我不断完善爱的理念，逐渐提升生命品质的奥秘所在。

作为生活在大千世界里的我们来说，面对社会与人际关系的纷繁复杂，专业技能固然重要，但是心理素养和生命信念同样具有重要意义。在这里，技能与技巧只是一个表象，而其中所隐含的心理素养和生命内涵才是事物的本质。这两者之间的次序也不能颠倒，只有拥有凝练厚重的人格力量，才能将自己的理想信念发挥到极致；而只有拥有清正尚德的本真力量，才能让自己的人生之路越走越宽、越走越远。

在现实生活中，我们应拥有人生主导权，即有自己的话语权，可以让别人重视自己的声音与建议，从而获得自身的价值感与成就感。唯有自己有所积淀、有所成就，才能让别人信服你。所以，工作的第一步就是先沉淀下来，踏踏实实地努力学习，在一点一滴的进步中，在日复一日地成长中，慢慢地建立自己的人脉圈子与资源能量。

境界在更多时候是不能用言语来表达的，它需要用心去慢慢感悟，也需要时间来细细品味其中的奥秘。"宝剑锋从磨砺出，梅花香自苦寒来。"让我们不急不躁，不争不怒，在时间的隧道里不断探索境界的奥秘，永攀境界的高峰。

在恰当的时候停一停

初夏的一个傍晚,我下班回家,路过小区北边的那个沙滩,看见一个小男孩在玩沙子。他孤零零一个人,没有一个小伙伴,虽然他玩得自得其乐,却总让人感觉酸酸的。城市化进程,使得钢筋水泥构建的规则建筑代替了山川小溪和树林的弯弯曲曲,看似进步,却让孩子们失去了与自然交流、亲近的机会。

现在是六月初,应该是桑葚成熟的季节。我的家乡在农村,那里是一片开阔的天地。我的童年是在一个自由、快乐的环境里度过的。那时,爸爸妈妈忙着干农活,学校课程也不是很紧。农村的房子是一家连着一家的,家家都敞开着大门,迎接着四方的朋友。我的小伙伴一大堆,三五成群,田野里,山坡上,树林里,到处都留下了我们顽皮嬉戏的足迹。桑葚成熟的季节,我和小伙伴们纷纷爬上桑树,采摘那些紫红色的椭圆形的果实。酸酸的,甜甜的,还有许多鲜红的汁液,那简直就是人间美味。有时,小伙伴们还会用红色的汁液涂满彼此的脸。于是,一个个红彤彤的脸庞,在阳光下格外俏皮。大人们看到后,会说一声:"调皮鬼,快去洗干净。"但谁能阻挡这童年的乐趣,谁能抑制这纯真的情愫?

童年在我的印象里,留下了有关自由与自然的美丽传奇,这是我们这一代人的幸运。可是,今天嘈杂的城市,忙碌的人群,谁会停下脚步,听一听孩子的心声。看看吧,各种名目繁多的课外补习班,各种选拔赛与考级,沉重的书包衬托着一个孤寂的童年。

那个男孩独自一人在沙滩上游戏,令我心痛。我多想告诉他,桑葚是酸酸甜甜的;我多想告诉他,爬树摘桑葚是如此有趣;我多想告诉他,与小伙伴一起在彼此脸上涂桑葚汁是多么尽兴。只恐怕,那个男孩连桑葚树的样子都还没有见过。这究竟是城市的错误,还是童年的悲哀?这需要我们的思考,不,应该是反思,且要反思得沉痛而彻底。"自然缺失症",这就是现代人所缺失的。想想我们自己,已经有多久没有去亲近大自然了?已经多久没有到乡村世界的林荫小路上走一走、看一看了?

曾经一座城市的中心地带有一个空旷之地,对于在此要建筑商品房还是文化公园,人们进行了激烈的讨论。为此,该城市的建设委员会还特意开通了一条城市热线,专门征求各方意见。最后的结果是商品房输给了文化公园,精神世界的需求博弈物质需求,精神需求完胜。这也给城市建设提出了拷问:我们是否给市民提供了足够多、足够开阔、足够自由的精神领地？我们在满足百姓物质需要的时候，是否给他们的精神世界提供了一个可以娱乐、可以栖息、可以皈依的精神家园？

我们这个时代的弊病就在于一个"快"字，快节奏的生活，高效率的工作。可就是这个"快"字，常常让我们的心灵无法安静下来，甚至有的人已经忘却了安静是何种感觉了。有一位哲学家曾这样提醒我们："别走得太快了，你的灵魂会因为你的快速跟不上你的脚步，到那时，你虽然得到了很多，但却把最重要的灵魂给弄丢了。灵魂一旦丢失，你再回头寻找时，那就是'一片落寞一声叹息'。"

台湾静宜大学校长李家同的工作可以说是异常忙碌，可是他却给自己立下了一个规矩：每个月都要抽时间去"爱心之家"做一段时间的义工。李家同将自己做义工的时间看作是心灵的修行之旅，因为在这里，他可以享受到恬静的休憩时光，更能在给予他人、服侍他人的过程中获得满足感与幸福感。

静一静、停一停、歇一歇，这是忙碌生活的一种休憩之法、宁静之道、智慧之选。这就是陶渊明笔下的："土地平旷，屋舍俨然，有良田美池桑竹之属。阡陌交通，鸡犬相闻。其中往来种作，男女衣着，悉如外人。黄发垂髫，并怡然自乐。"

抛开人生羁绊，大胆为爱而活

这个故事是我的一个同事讲给我听的，在这个故事里，我们可以看到一位拥有大爱的女子。

年轻时，他是当地的一霸，混迹于城市的地痞圈子，浑浑噩噩，无恶不作。而她是一个来自农村的姑娘，聪明能干，自己经营着一家水果店。起初，他跟着一帮黑道上的人到她的水果摊上去收保护费。他跟着众人，一起对眼前柔弱的姑娘恶言相向、颐指气使。但姑娘那双炯炯有神的大眼睛里闪烁着不屈与坚毅。每次离开，他总会回眸，想望一望姑娘那双特别的眼睛。在与姑娘对视的那一刻，他眼神里的灰蒙消逝，有一道希望之光在他的眼中闪耀。

后来，姑娘去了广州，为了寻找心中那个滚烫的梦想。没多久，他也去了广州，是浪子心中那个漂泊的驿动。在广州，小恶霸与姑娘再次相遇。因为都是漂泊异乡，因为彼此的家乡在同一座小城，所以他们之间有了一些微妙的共鸣。

不知道是生存的挣扎，还是被姑娘的柔情感化，男人渐渐收敛起了霸道与凶恶，眼睛里慢慢映射出些许温柔的光芒。这就是爱情奇妙的魔法！

五年以后，他和她再一次回到了故乡。他牵着她的手，走在婚姻的红地毯上，幸福而甜蜜。他变了，是质的改变。他彻底离开了黑道，规规矩矩、服服帖帖地跟在姑娘后面。男人成了一个本本分分的居家男人。家乡人议论纷纷，难道这位姑娘真有化腐朽为神奇的力量？姑娘嫣然一笑，笑中带着几分神秘，几分淡雅。于是，小镇上传出了姑娘和小伙的传奇故事，各种版本都有。但中心只有一个，那就是爱情，爱情的力量，爱情的魔力！

爱情可以使枯木逢春，爱情可以使枯茧化蝶，爱情可以使男人凶恶的眼睛里幻化出温柔的光芒。背后有一个神秘的女人，她有婀娜身姿，美丽脸庞，优雅气质，她真的是女神吗？

当时，我也被这个故事感动了，故事里的女子究竟有着怎样神奇的力量，竟能让一个小混混改邪归正？我想除了爱，没有其他任何合理的解释。现在，我早已过了青葱懵懂的时期，不再冲动、迷惘和激昂，更多的是有了一种内敛的成熟。想想自己在十八九岁的青春年华里，可以在七夕那一天，为了听天上那一对遥远情侣的悄悄话，而在葡萄藤下彻夜不眠；可以为了黄昏那一抹残弱的彩云而大声欢呼；甚至会为了一只小狗的离世而悄悄哭泣。是的，青春就是浪漫与激情，甚至还有点疯狂。看惯了人情冷暖，见识了世态炎凉，眼角已有淡淡鱼尾纹的我，现在已经懂得了圆滑和逢迎的道理，有时自己还将那种技艺展现得淋漓尽致。不知道是心灵的麻木，还是环境的使然，在那样虚伪无奈的人际关系里，我竟生活得心安理得。是我自己变了，还是这个时代变了？

生命的转折点，是看到韩寒文章里面的一句话："现在同学聚会，我们再也不谈山脉，更多的谈到的是人脉。"人脉和山脉，两者之间的距离究竟有多远？我想那是天空和深渊的遥远距离。山脉是青春，是纯真，是幻想，是童话般的浪漫；而人脉却是世故、媚俗和权术的代名词。山脉永远活在童年和青春的记忆里，而更多的人则是在人脉的沉浮里折腾。如今我们中的大多数就是人脉的一员，虽然靠着老练的交往技巧，我们收获了赞誉、成功与掌声，但我们的内心却并不快乐，甚至我们会感觉异常压抑。那我们心灵深处真正要寻求的究竟是什么？

记得在一家幼儿园门口，我看到一个地痞在教一个小男孩读《三字经》："人之初，性本善；性相近，习相远。"那么熟悉的句子，字字铿锵有力。后来我才知道，那个小男孩就是地痞的儿子。虽然父亲已步入罪恶的深渊，但他却仍然给予自己的下一代真善美的教育。或许，他那根向往善良的心弦，依然没有泯灭吧，他把全部美善的希望都寄托在年幼的儿子身上；亦或者他的内心五味杂陈，连他自己也无法明白。但我能看出，这位父亲在读这些古老文字的时候，眼里闪烁的是正义的光芒；而孩子的眼中，更是充满着阳光般的希望。是的，这就是隐藏在世人心中的那个永恒的愿望——善与真诚，在白发苍苍的老人心中，在牙牙学语的孩子心中,也在作恶多端的坏人心中。也许,我们可以换一种人生态度。我们可以勇敢地去同情弱者,我们可以有足够的勇气去直面黑暗,我们可以对自己的朋友说真心话,我们可以活出自己、活出自由、活出有爱的人生。

中国管理学之父曾士祥说:"成功者除了要具备智商(IQ)和情商(EQ)之外,还要有一定的爱商——同情心和悲悯情怀。抛开人生的羁绊,挣脱生命的枷锁,我们可以在自己的人生轨迹里选择真善美的方向,勇敢活出真我,大胆为爱而行。

第六章

调整心态
发现潜藏的未知能量

一生的果效都是由心发出来的

你有没有注意到这样一个细节：丘比特在射出爱情之箭的时候是蒙着眼睛的，正义女神张开双臂的时候也是闭着眼睛的。这就告诉我们契合于灵魂的东西，眼睛是看不见的，唯有靠心灵来感知、来领悟。丘比特因为蒙上了眼睛，所以才能用心灵来领悟爱情的真谛；正义女神因为闭上了眼睛，所以才能用心灵去看清正义的真相。是的，我们的眼睛看到的往往只是表面的、虚浮的、肤浅的，唯有心灵才能穿透幽暗，拨开迷雾，看清灵魂深处的真实、真谛与真相。就像一位哲人所说的："我们一生的果效都是由心发出来的。"

一天，有一个父亲正在忙工作，可是他5岁的儿子却缠着他说："爸爸，你给我讲个故事吧。"这位父亲正忙得不可开交，哪里有时间给孩子讲故事啊。他转头一看，看到桌子上有一张世界地图。于是，他就将世界地图撕得粉碎，扔在地上，对孩子说："乖，孩子，如果你能把这张粉碎的地图拼起来，爸爸就给你讲故事！"

第六章 调整心态，发现潜藏的未知能量

看到孩子在努力拼地图的时候，这位父亲还暗自窃喜，心想这下终于可以让我安静好长时间了。可是，让这位父亲没想到的是，没过多久，孩子就拿着一张完整的地图对他说："爸爸，你看，我已经把地图拼起来了。"这位父亲很是惊讶，对孩子说："你怎么会这么快就把碎地图拼起来了呢？"这时，孩子将地图翻了过来，对父亲说："爸爸，你没看到吗？在地图的反面是一个人的头像。我是按照反面的头像拼的，不是按照地图拼的啊。"此时的父亲哑然，只好乖乖地给孩子讲故事了。

从这个小故事中，我们可以得出这样一个道理：只要人对了，世界就对了。而作为人，只要心对了，人生也就有了对的方向。

曾经有一位医学博士做了一个实验。在两个病房里住着两位病人，一位是柔弱的年老的妇人，一位则是强悍的健壮的硬汉。博士在他们的头脑处都连接上了脑电仪，这种仪器可以测到脑电波的强度。人们都说这位妇人的脑电波的强度肯定很微弱，因为她看上去是那么羸弱无力；而那位硬汉的脑电波一定很强大，因为他是如此的强壮。

测试开始了，只听那位妇人用非常细微的声音在默念："我要饶恕身边所有伤害过我的人，我要祝福身边所有的人，愿他们平安、健康、幸福。"妇人的声音是如此的微弱，可让众人没想到的是，她此时脑电波的强度居然是正的。而在另一个房间的硬汉此时却在大声喧哗，情绪同样非常亢奋，他的话语里充满了怨愤与诅咒："这个该死的世界，对我为什么这么不公平。那些伤害过我的人，你们都下地狱吧。世界末日快快来到吧。"虽然他如此激昂兴奋，但是他的脑电波的强度却只是负数。老妇人虽然弱不禁风，但却战胜了无比强壮的大汉。老妇人靠的不是身体的力量，而是她平静、宽容的美德。

是的，宽容可以战胜仇恨，平静可以战胜狂躁，祝福可以战胜诅咒。这就是心的力量，当你的心可以包容整个世界的时候，就算是孱弱不堪的老人也可以激发出生命的无限正能量。而如果你的心里充满了仇恨与怨愤，那么即使你身强力壮，你爆发出的所有生命能量都是负数。

我们一生的果效都是由心发出的，唯有将阳光照射进心灵深处，才能抵御一切幽暗与灰色；唯有将海洋融入心灵，才能战胜一切的狭隘与自私。就像法国作家雨果所说的："世界上最宽广的是海洋，比海洋更宽广的是天空，比天空更宽广的是人的胸怀。"

心底无私天地宽

在非洲的一个古老部落里，那里的法律制度还未曾开化，依旧还在遵循着部落的古老传统。如果部落里有人被杀了，被害者的亲属可以对杀人者进行处决。他们对杀人者的处罚是溺水而亡。但是，他们会在杀人者的手上放一根竹竿，竹竿的另一头由被害者的亲属握着。杀人者的生与死，都掌握在被害者的亲属手中。如果亲属的手一放，杀人者就会沉入水底；如果亲属的手一拉，杀人者就会重获新生。这一放一拉，就在一念之间，也隐含着深刻的宽恕之道。

据调查发现，那些没有选择宽恕的亲属，他们的心会陷入无限的黑暗之中，因为他们已经被仇恨与怨愤所禁锢，甚至一生都会受到仇恨的折磨。而那些自愿选择宽恕的亲属，他们不但能赢得对方的感恩戴德，更重要的是他们的内心能获得更加深刻的医治与疗愈。因为他们释放了敌人，同时也释放了自我，在给了他人自由的同时，也还了自己自由。

这就是宽恕的力量，里面蕴含着哲理，也隐藏着爱的光芒。

这个世界上没有十全十美的人，我们每个人需要的不是苛责，而是恩典。是的，每个人都需要恩典，我们需要做他人恩惠的施予者，而不是他人错误的审判官。当我们以宽恕代替了审判，那么我们不但让自己的心境更加开阔，而且他人也会因为我们施予的恩慈而在错误的道路上做出悔改。因为只有爱与宽恕才能唤醒一个迷途的人，而指责与怨愤只会令对方陷入更加幽暗的境地。

管仲之所以能成为一代名相，是因为他的好朋友鲍叔牙对他一次又一次的宽恕与谅解。在鲍叔牙的眼里，他看到的不是朋友的过错与缺点，而是朋友的生命本身。因为爱朋友，所以能给他无限的包容与接纳。

是的，爱能遮掩许多过错。当你爱一个人的时候，你就会宽容他的错误，包容他的缺点，因为你看到的是这个人的生命本身。因为爱的真挚、爱的纯粹，所以眼中的缺点有时也会变成一种俏皮的逗趣。但是如果你对这个人没有爱，那么你就会抓住对方的缺点紧紧不放，并给予严厉的批评与论断，而此时你心中充满的是怨恨和冷漠。就像恋爱中的男女，如果喜欢对方，那么对方所有的缺点都会变成优点；而如果不喜欢对方，就会在鸡蛋里挑骨头，就算是优点也会看成是缺陷。

当我们的心中充满爱时，那么我们就会看见他人生命的闪光点，并以欣赏、赞许的心境来看待他。其实，我们的生活中并不缺乏美，缺乏的是发现美的眼睛。生活中的美固然值得我们去追捧，但是欣赏美、发掘美的人却是值得我们尊敬的。当年的韩愈在《马说》中曾感慨："千里马常有，而伯乐不常有。"今天，我们也祈愿人的心里能多一点儿包容，多一点儿宽恕，给他人的生命以更多的可能，同时也给自己以更开阔的心境与远见。

剔除生命杂质，发现无限潜力

狭小、阴暗的环境不能令植物蓬勃生长，而阳光和雨露才是绿色绽放的有利条件。所以说一个人的成长，也需要一个自由、开阔、广袤的发展环境。要想激发自己的最大潜能，首先就要学会自我调整，其中包括情绪的调节、心理的疏导，以及职业的规划等。

有人因为工作压力大，无法适应成长的环境，心灵因此而变得极为抑郁，而且自我感觉渺小，感受不到存在感与价值感。当我们出现这种状况时，就要有所警觉了，并有必要做出相应的改变与调整。比如在自己身体不舒服的时候，我们可以放慢工作的进度，而不是去透支自己的身体，而应该为自己的工作寿命储存无限可能的力量。当我们出现职业瓶颈的时候，我们可以暂停工作安排，去寻找一些行业内的资深老师，向他们取经学习，听一听前辈的经验，学一学老师的理念。而当我们工作没有方向时，就不要再埋头苦干，可以先从工作中抽出身来，换一种角度来思考问题。也可以听一听其他人的建议和意见，因为"无关生智，

第六章 调整心态，发现潜藏的未知能量

局外生慧"。总之，我们自己的心灵一定不能混沌、迷离，一定要处于敏锐、警醒的状态，及时发现自己的问题所在，并最大限度地进行反思、探索与审慎，以最快的速度提出解决的策略与方法，从而让自己有更加广阔的发展空间与更加美好的未来。

激发潜能还有一个重要的基础，那就是要有深厚的阅读功底，这是一个人的能量蕴藏之所在，也是一辈子最宝贵的精神财富。一位知名的企业家，自中学起就养成了深度阅读的好习惯。他就读的乡村中学虽不奢华，但他却有着一如既往的坚守与笃定。这个小小的学校有着优良的阅读传统。一本书点燃一个孩子的生活希望，一首诗歌激发一个少年的奋斗梦想。阅读成为这个少年心灵深处的内在力量，阅读成为他逐梦未来的文化积淀。当年的语文老师写了一首关于阅读的短诗："文字深邃，一点一画蕴藏着文学神韵；诗歌奥妙，一词一句凝聚着文化的精髓。一个人的心就像一盏微弱的心灯，在这个世界飘摇闪烁，怎样才能使这盏心灯永不止息？阅读就是点燃灯芯的油——阅读永恒坚持，灯油充足，心灯永远照耀前行的幽暗。"多美的诗句，这位少年在阅读中走向青春的成熟，直至迈进创业成功的阶梯。被阅读和诗歌滋养的男人，生命一定是坚韧的，心灵也一定是清澈的。地上的挣扎，现实的喘息，就算无休无止，他也有一颗向往光明的心，因为他关于梦想的那一盏心灯始终没有熄灭。

"三人行，必有我师"，向我们揭示了激发潜能的另一个真理：谦逊之中见真谛，好学之道有收获。由于自身性格骄傲，我们会对身边的人给予一些批评和指责,我们很难谦卑地学习身边人的优点。但是古圣先贤的哲言却告诉我们:"只要你有一颗善于学习、勤于发现的眼睛,就一定能看见同行之人身上的闪光之处,并在其美好品质里有所启迪、有所收获。"所以"三人行,必有我师"必须满足两个条件:一是同行之人必须有一人拥有独特的好品德;二是学习之人必须有一颗谦虚的心、受教的耳和沉思的灵。只要我们愿意以俯身代替昂头,以学习代替争辩,以温和代替纷争,这样就会人生处处有老师,生活点滴可学习、可进步。勤于学习、善于学习,并能谦逊地接受他人的批评与建议,可以最大限度地孕育我们内在的品质与性格。

剔除生命杂质,发现无限潜力;积淀生命能量,孕育心灵涵蕴;激发信心品质,获得人生成长,迈向更高境界。

负能量是如何侵蚀你的生命的

有一所中学做了这样一个实验：在学校大厅的两侧分别摆上两盆水仙花，四周用玻璃罩着，上面敞开。老师要求同学们每天都做一件事，那就是对其中的一盆花投以欣赏与喜爱的目光，并对其进行语言的赞美，比如"你真美""我非常喜欢你""你像美丽的公主"等。而对另一盆花则投以愤恨与仇视的目光，并给予恶毒的语言攻击，比如"你这个丑八怪""没人喜欢你""你快去死吧"等。就这样，两周以后，同学们看到了两盆花的惊人变化。其中一盆接受赞美的水仙长得非常喜人，透露着一股朝气；而另一盆接受咒骂的水仙却已经完全枯萎了。同学们感到非常震惊，这个实验使同学们真切地感受到了负面情绪的伤害力究竟有多大。

哈佛大学的研究人员曾做过一个实验，他们追踪了286位世界顶级大学的优秀大学生，对他们的家庭背景、生活环境做了深入地调查和研究。结果发现，他们早年的教育环境都有一个共同的特征，那就是爱与自由。他们不但得到了家人爱的滋养，更与父母有一种亲密的关系。这种健康的正能量的亲情之爱，就是他们前进路上最坚实的保障。与此同时，研究人员还对200多名青少年服刑人员做了一样的调查。结果发现这些陷入吸毒、偷盗、性成瘾的男孩和女孩，他们早年的生活环境是糟糕的，包括父母的离异，父母教育方式的粗暴——以批评和打骂孩子为主，以及亲子关系的破裂和父爱的淡漠、缺失。所有这些负能量凝聚的早年教育，促成了孩子心灵和道德的急剧下滑，以至于陷入罪恶的深渊无法自拔。从这里可以看出，爱、关怀、亲密关系、鼓励和赞美是一个人向上向善的力量源泉，而责骂、冷漠、放养无度和亲情断裂是一个人走向犯罪边缘的导火索。负能量是具有破坏力量的，且对一个人的影响将是一生。

人在开心的时候会分泌一种叫多巴胺的物质，它可以治愈忧郁，医治愁闷，犹如一剂良药。而人在生气的时候分泌的是毒素，据科学家研究表明，一个人生气10分钟所产生的毒素足可以毒死一头大象。当我们情绪暴躁时，首先需要做的是让自己冷静下来。有人说脾气上来的时候，是很难控制得住的，这时候我们可以做一下深呼吸，不住地告诫自己要克制、克制、再克制。其次我们需要做的就是去倾听对方的声音，通过换位思考来听一听对方的想法和意见。最后就是要有效地疏导我们的情绪，通过积极有效的方法来让自己的负面情绪得到舒缓与排解。比如，我们可以听一些宁静、轻松的音乐，画一些自己喜欢的画，这就是所谓的"艺术疗愈法"。当然，我们还可以求助于第三者，可以是自己的长辈，也可以是自己信任的朋友。通过他们的调解、劝说，来让自己真正地冷静下来。我们一定要记住这句忠告：你生气一分钟，就会错过生命中 60 秒的美好；你开心一分钟，你生命中的分分秒秒都是上苍最美的恩赐。

我们要知道，人体的所有器官中，只有心脏不会发生癌变。因为心灵是我们生命的源泉，是我们情绪的总司令，是我们灵魂的栖息所。你要保持你心灵的美好与宁静，因为一份美好将会带来十分幸运，一份宁静将会带来百倍愉悦。

"心小了，所有的小事就大了；心大了，所有的大事都小了；看淡世事沧桑，内心安然无恙。"愿你拥有一份良好的心态，生命中永远都充满阳光。

让正能量照射进生命的幽暗处

有一个寓言故事是这样的:在一座寺庙里,石阶上的一块石头和钟楼上的石钟开始聊天。石头愤恨地对石钟说:"这不公平,同样是石头,我们也来自同一座大山,可是为什么我总是被人践踏在脚底,根本没有人注意我;而你却挂在高处,时常受到人们的瞻仰,人们在望着你的时候,总是满含深情。"

石钟笑了笑,冷静地问:"石头啊,你被主人从山上带来的时候,被刻了多少刀?"

石头想了想,说:"两三刀吧,还是浅浅的。"

石钟认真地说:"可我却被主人千刀万剐啊,而且每一刀都是深入骨髓,有着切肤之痛的。"

石头羞愧,不再言语。

这个寓言故事告诉我们,每一个荣耀的背后,都曾经历过千辛万苦。没有经历过幽暗深邃,就不会懂得白天的阳光有多么珍贵。而没有经历过彻夜痛哭的人,是不足以谈人生的,因为没有那个深度,甚至可以说是没有那个资格。

第六章 调整心态，发现潜藏的未知能量

在一个乡村小学里，五年级三班的五个男孩很是调皮捣蛋，是学校里有名的问题男孩。一天下午，五个男孩将学校里的一辆电瓶车给弄坏了。老校长发现后，对他们说："你们要对自己的行为负责。你们必须自己去赚钱，然后将钱赔给电瓶车的车主。"于是，老校长叫他们每天都来学校搬砖。于是，五个男孩每天放学后，都要花半个小时的时间去搬砖赚钱。他们真的很不情愿，但无奈于校长的权威，最后只好默默地承受。

五个男孩在劳动的磨砺中体味到了生活的艰辛，同时也知道了什么才是真正的责任与担当。最后，他们出色地完成了任务，用自己亲手赚的钱将电瓶车赔偿给了车主。老校长欣慰地笑了，他对男孩们说："如果我让你们的父母拿钱来赔偿电瓶车，你们就会觉得不需要承担任何责任，反正有父母给我们埋单。我让你们搬砖，就是让你们知道生活真的很不容易，更是让你们知道'责任'二字的重量。你们不会怨恨我吧？"五个男孩连忙摇头："不会，不会！"他们的眼睛里有了几许的柔和之光。

让男孩们承担一份应有的职责，让他们的生命不再是轻浮、轻狂的。在男孩的生命里注入一种深邃与厚重，这是老校长对男孩教育的一种智慧之法，更是男孩生命所必需经历的历练与磨砺之道。

青蛙只会坐井观天，目光短浅，境界狭隘，所以它只能成为餐桌上的一道美食，任人享用。而蟾蜍却有"癞蛤蟆想吃天鹅肉"的远大志向，它是眼界卓越的伟大梦想家。而它最后也成了尊贵的金蟾，被摆上供桌，受众人膜拜。

正能量只要还有一点儿亮光，就可以与黑暗区别开来，且是完全决裂的。而与这微微之火相辉映的，只有来自天上的太阳之光，无论距离多远，阳光也能知悉正能量的心声，且是心有灵犀，深相契合。

从不同版本的小龙女中领悟的人生真理

金庸先生被誉为"武侠文豪",他所写的武侠小说可以说是家喻户晓、妇孺皆知。在先生笔下,侠客可以豪情万丈,也可以侠骨柔情;侠女可以倩影绰绰,也可以风姿绰约;江湖爱情可以在刀光剑影中泣血流泪,也可以在血雨腥风中化蝶双飞。当金庸先生逝世时,我们在惋惜悲伤的同时,更愿意细细品读他的武侠作品,在他的文字氤氲里畅游四海江湖。

在金庸先生最后的生命时光里,曾对大家热捧的"金庸武侠剧"进行过深刻地思考与审慎。对于小龙女这一角色,我们知道最经典的莫过于李若彤版。她所扮演的小龙女可以说是清尘脱俗,宛若天仙,让人感受到了一种不食人间烟火的美感。这款的小龙女适合在我们的理想境界中出现,就像一朵湖中央的青莲,出淤泥而不染,只可观赏而不可亵玩焉。

刘亦菲版小龙女更多的是一种柔美、纤弱的气质,让观众看到后多了几许怜爱与疼惜。或者可以这样说,这款小龙女已经慢慢走下了神坛,开始有了邻家小妹妹的感觉。而刘亦菲在剧中也将小龙女的婉约、轻柔之美表现得淋漓尽致。所以说，刘亦菲扮演的小龙女就是我们家门前种植的一朵玫瑰，清晨朝露滋润，可以成为心灵的慰藉。

陈妍希版小龙女，观众第一时间想到的就是大大方方、平平凡凡。也许这款小龙女蜕变成了我们平淡生活中的一分子，可以吐槽，可以逗乐，甚至可以猜拳和斗酒。有人开玩笑地说："也许小龙女是不甘于古墓的清高，而愿意上集市卖白菜讨价还价了。"当然，陈妍希在剧中的表演艺术还是可圈可点的，并且得到了很多观众的喜爱。所以，我们把这款小龙女定义为青青绿草，没有花香，没有树高，却是给世界带来了一片平凡的绿意。

说到这里，大家可能会问，金庸先生到底最中意哪款小龙女呢？当然，作为武侠作家，老先生最大的愿望就是祈愿电视剧的小龙女能够最大限度地表现出原著中的人物精髓，将原著人物的思想、性格表演得丝丝入扣，切入灵魂。所以，尊重原著，与原著合二为一就是金庸先生心中最理想的小龙女状态。

而作为文豪泰斗，老先生是断不会说出自己心中最中意的小龙女的。因为一切尽在不言中，关于人物的觉悟与领悟，是只可意会不可言传的。再说一百个人心中就有一百个不同的小龙女，金庸先生给我们留下的是无尽的思考与探寻，但笔者却知道，在老先生的心中，的确有一个唯一的评判标准，那就是以文学的视野来撰写人物的灵魂，以艺术的精神来演绎生命的精髓。

生活可以耗尽，但爱却永不枯萎

有一个小女孩生病了，可是她的家里却很贫穷，根本拿不出钱来给她医治。小女孩说："我想要一只风筝，听说风筝可以飞向天空，而天空则有天使的歌唱。"但阿妈的口袋里只有七个铜板，她还要用这七个铜板来买米和食盐呢。小女孩关于风筝的梦想在家庭间传递着。

为了实现女孩的梦想，全家开始行动起来。阿爸去草原之外的山涧里砍柴。在砍柴的途中，他遭遇到当地村民的责难。在阿爸的苦苦哀求之下，一位村民将一根很细的柏杨树干送给了他。虽然树干很细，但是做一只风筝却绰绰有余了。那位村民说："我也有一个小女儿，跟你的女儿一样大。"只有这位村民充满了对他的怜惜，而其他人都是一脸的冷漠。或许是因为父亲这个共同的身份，让他们找到了彼此的共鸣吧。

妈妈去了商店，她想跟商店老板借一些纸张回来。可是老板市侩，怎么都不肯答应。妈妈思忖之后，将自己的那头长发卖给了一个小贩。这可是妈妈从年轻时就开始留的头发啊,她是非常珍惜的。但是为了实现女儿的梦想,她卖长发的态度是那么坚决。或许也只有母亲的胸怀,才懂得牺牲与隐忍的道理。

哥哥去请工匠来为妹妹做风筝,可是工匠说需要很多工钱。最后,哥哥与工匠达成了一笔交易。他在工匠家里做一个月的劳力,工匠则为妹妹制作一个最好的风筝。原来的哥哥四处游荡,不务正业。可是今天,是爱和怜爱让这个浪子找回了作为兄长的责任和担当。

风筝飞起来了,飞起来了。虽然草原的雨季还没有停止,可是草原上却迎来了一位远方的游客。远方的游客有一辆敞篷车,他将小女孩带到了 500 里之外的地方。那里阳光明媚,清风吹拂,风筝在那里找到了飞翔的空间。

这个游客是谁?

谁也不知道他是谁?人们都说他是上帝的使者,是下来帮助小女孩完成梦想的。

那我想,小女孩也一定听到了天使的歌唱。

是的,是的,小女孩的风筝飞起来了!这是她生命中最后的风筝翱翔,里面蕴含着来自身边每一个亲人的爱、关怀与守护。

情人节那天,阳光明媚,天空碧蓝,玫瑰芬芳。家里的三个男人都给自己的妻子送了玫瑰。

儿子给妻子莉莉买了 99 朵玫瑰。玫瑰红艳,莉莉捧着玫瑰,与丈夫走进了五星级大酒店。一夜的温存之后,玫瑰有些干涩了,莉莉将玫瑰丢进了家里的墙角,旁边就是垃圾。

父亲给妻子秀梅买了9朵玫瑰。玫瑰娇柔,秀梅捧着玫瑰,去菜场买菜,然后下厨房,给丈夫做了一顿美味的家常菜。晚饭过后,玫瑰有些枯萎,秀梅将玫瑰小心翼翼地插进家里的花盆中。他轻轻地松开土壤,往土里撒了一把肥料,然后把花盆搬到阳台上,让玫瑰享受阳光的沐浴。夜晚,她一个人站在阳台上,看着玫瑰傻笑!

爷爷给妻子王氏买了一朵玫瑰。玫瑰孤零零的,但是却很红艳。王氏手里拿着玫瑰,苍老的眼里露出无比幸福的笑容。王氏没有为丈夫准备什么饭菜,餐桌上依然是小米粥、咸菜和馒头。晚上,丈夫睡去后,玫瑰花瓣已经变得有些松散。王氏小心地拿出那朵玫瑰,她用剪刀将枯黄的叶子剪去,然后把花瓣一片一片地撕开。她打开风干机,把玫瑰的水分除去。十几分钟后,她拿出一个红色的香囊,香囊上面绣着一只飞舞的蝴蝶。她把玫瑰花瓣一片片地装入香囊,再一点点地缝起来。五分钟后,一个漂亮的香囊完成了,老人将香囊戴在脖子上。香囊在老人的胸前摇晃,散发着诱人的香味。一朵玫瑰的芬芳,将伴随老人的每一天。以后,在王氏的生活里,再也不是老年的沧桑,而是玫瑰的阵阵艳丽。

三束玫瑰,三种待遇,揭开了三代人关于爱情的秘密。一样的玫瑰，不一样的心怀与情愫，凝结着时间、岁月与人生的奥秘精髓。

生活可以被柴米油盐耗尽激情，但是爱却可以在付出、牺牲与给予中永不枯萎。

第七章

格局走向成熟
便是玫瑰花开

你所有的努力，总会在某一刻得到回报

第三届中国诗词大会的冠军争夺赛让我印象极为深刻。一个是学识渊博、经验丰富的知名编辑彭敏；一个是平平凡凡、名不见经传的外卖小哥雷海为。当时，我内心的天平是倾向于彭敏的，因为他与雷海为的差距可以说是相当明显的。但是，比赛的结果却出乎所有人的预料：雷海为战胜了彭敏。是的，外卖小哥战胜了知名编辑，站在了冠军的领奖台上。

随着节目的深入，这位外卖小哥学习诗词的故事也一一向我们展开。可以说雷海为对诗词的热爱，已经达到了一种痴迷的状态，而他学习诗词的过程也是异常艰辛的。他在送餐途中坚持背诵诗词，哪怕中间只有一点儿空闲的时间，他都会拿出诗词本来学习。

几年以来，雷海为一直是书店的常客。但是由于经济的原因，他先是到书店找到一本诗词集，然后将其中的内容背诵下来，回到家中，再将所背的诗词默写下来。就这样，年复一年，一点一滴，他用一种锲而不舍的精神，完成了自己马拉松式的诗

第七章 格局走向成熟，便是玫瑰花开

词长跑。

有人说雷海为得冠军，多少有点幸运使然，但是我却说偶然里隐藏着必然，正是有了雷海为对诗词的这份坚贞不渝的热爱与坚守，才有了他今天这一刻的荣耀与辉煌。与其说他是运气之王，不如说他是实至名归。就像主持人董卿所说的："你在读书上花的任何时间，都会在某一个时刻给你回报。"

如今的雷海为接到了百万聘书——国学培训、诗词讲课，等等。现在，外卖小哥已经成了传播中华诗词文化的形象大使。有一家知名企业曾给他下过聘书，报酬很丰厚，让他去做形象代言人。但是经过仔细思考与衡量之后，雷海为拒绝了这份高薪工作，因为他还想让自己回归诗词，因为诗词才是他的根与魂，只有守住诗词的初心，才是他一生为之奋斗的标杆之所在。

阿里集团董事局主席马云曾在演讲中讲过这样一件事，说他在中学时看到很多成绩好的学生总是在课间玩游戏或是打篮球，从没见他们学习过。于是马云就问他们："为什么你们整天玩，成绩还那么好呢？"那些学生就开玩笑地对马云说："好成绩是玩出来的，不是学出来的呀！"马云傻乎乎地相信了他们的话，也跟着他们一起玩。可是玩到最后，他们的成绩还是那么好，马云的成绩自然是一落千丈。后来，马云才知道，原来那些孩子在学校课间玩，可是他们回到家后却是拼命地学习，每天都学习很长时间。而马云是课间玩，回家也玩，所以他就比这些同学差了好大一截。当然，马云的这个故事多少有点调侃的意味，但也告诉我

们一个颠簸不破的真理：那就是没有人能随随便便成功，风雨过后才能看见彩虹。哪有什么毫不费力，成功都是在暗地里拼过命的。

妈妈年底的时候要做玉米年糕，她首先将玉米放在水里浸泡十几天，然后将其放在石磨里使劲地碾磨，等全部磨碎后，再放入蒸笼里进行高温蒸煮，最后才做出来香喷喷的玉米年糕。这件农村里的平常小事，又给我带来了启示："如果将玉米比喻成人，那么粗大的玉米粒就是一个未经磨砺的人，而其中进行的浸泡，就是对人性杂质、糟粕的筛选与洗礼的过程。而其中进行的碾磨，就是对自我骄傲、劣根性的淬炼和雕琢的过程。而最后的蒸煮则是在现实的催促和考验中，进行个性提升、品性凝练和团队融合的过程。这其中的每一步，都是对自我的破碎和对心灵的解剖，必定要经历疼痛，甚至是创伤，但疼痛是必需的，创伤也是必不可少的，为的就是塑造更强韧、更觉醒的自我。

领悟生命之爱

《圣经》中关于"浪子回头"的故事曾让多少人为之流泪、为之震撼。下面,我就用比较艺术的笔法给大家再现这一段古老的关于父爱的故事。

父亲有两个儿子。小儿子顽劣、叛逆,一度陷入罪恶的泥沼里无法自拔。

有一天,小儿子要求父亲将他应得的那份家产分给他,让他去外面逍遥快活。父亲无奈,含着泪将家产分给了小儿子,然后看着他无情地离开了家。

在小儿子离家的那些日子里,父亲每天都陷在忧思之中,夜里痛哭流泪,彻夜祈祷。此时的他,已然苍老了许多,两鬓斑白,身形消瘦,已如一个暮年的老者。

小儿子外出奢靡宴乐,浪费资财,很快就将手中的钱财全部消耗殆尽。当他没有钱的时候,境况是如此的凄凉,没有一个朋友愿意接济他,以至于他在猪圈里跟猪抢豆荚吃。此时,小儿子才想到父亲,父亲是多么慈爱和温和,家又是多么温暖和舒适。

"我如果回家,已经不配再做父亲的儿子,就做父亲手下的一个奴仆吧。"小儿子这样思忖道。

当小儿子回到家中的时候,他仅仅穿着一件破旧、棕黄色的内衣,而且只能遮住疲惫不堪、毫无力气的身体。脚上的水泡道出了旅途的漫长和窘困。见到父亲后,小儿子扑通跪倒在地,泪流满面。此时的父亲颤颤巍巍地拄着拐杖从远处走来,他喜极而泣,一双苍老的手紧紧地将孩子搂在怀里。

"父亲,我得罪了你,我得罪了上天,请你责罚我。我不配做你的儿子,让我成为你的仆人吧。"小儿子愧疚地说。

"傻孩子,你永远是父亲的好孩子,回来就好。"父亲的眼里泪光闪烁,散发出无限的慈爱。

父亲接着又说了一遍:"只要回来就好,你永远是我最爱的小儿子啊。"于是,众人欢呼,为浪子的归来庆贺。

谁都没有责备这个浪子,他们都以无限宽容、接纳与爱来面对这个落魄的浪子。特别是父亲,自从小儿子离家出走的那一天起,他就张开了双臂,心怀慈爱,总是在等待,因为从那以后,家中的大门就从来没有锁过。敞开大门,期待着自己的孩子能够归来。父亲在盼望,希望自己的孩子能够回头,好让他有机会诉说父亲的爱,让孩子把疲惫的膀臂栖息在父亲的肩膀上。父亲的心愿就是祝福,也只有祝福。

有一个小男孩飞飞,生了很严重的病住院了。有一天,飞飞拿起花瓶里的一枝含苞待放的玫瑰,对妈妈说:"我要将这一枝

第七章 格局走向成熟,便是玫瑰花开

玫瑰种下,等待它开放。当它开放的时候,就是我恢复健康的日子。"在妈妈的陪伴下,小男孩在医院的小花园里种下了这一枝玫瑰。

这个花骨朵鲜嫩娇艳,迎着阳光微笑着。可是谁也没有告诉过小男孩,这个花骨朵是没有根须的,没有根须就不能存活。没有人说出这个真相,因为大家都在保护小男孩这个美好的心愿。

深夜,医院的花园里,三个人同时来到了这里。他们都穿着病号服,手里都捧着一枝玫瑰。不过他们的玫瑰都是带着根须的,且有泥土包裹着。

"你是来干吗的?"

"你是来干吗的?"

他们互相质问。

"我是想将无根须的玫瑰替换下来,然后让飞飞的玫瑰能够在阳光下开放。"

"我也是!"

"我也是!"

他们都是和飞飞同一个病房的病人,一样的关爱,一样的心怀善意。

一段时间以后,妈妈打开窗户,手指向那朵玫瑰。只见玫瑰在阳光下开得正艳,像婴儿的微笑。玫瑰花旁边,站着一个中年男子,他面容憔悴,一脸困倦。他就是小男孩的爸爸,他在这朵玫瑰花旁守候了一夜,只是为了不让它在风雨中凋零。

"爸爸，爸爸！"飞飞一阵惊喜。

爸爸来到飞飞的床前，飞飞笑了，笑得像秋天的向日葵，灿烂而美丽。

这两个故事向我们传递的是一种特别之爱。这爱不是世人所呈现的"你爱我，我就爱你；你给我福利，我就爱你；你优秀，我就爱你"，而是"因为爱，所以爱"。这种爱像那夏虫永长鸣，像春蚕吐丝吐不尽。

第七章　格局走向成熟，便是玫瑰花开

那些年，我们经历的青葱岁月

　　一个姑娘，正值青春年华，有一天，她做了一个决定——去流浪。她走了，铿锵而不缠绵；她走了，豪壮而不离伤。她走了，似乎只有这脚下的一路崎岖，才是她唯一的选择。年轻的姑娘，她竟不谈一句儿女情长，就坚定地踏上了流浪之路。姑娘说："大山深处有一群孩子，他们的父母在城市打工，他们生活得很贫寒，校舍也很简陋，他们的童年是残缺的，我要去那里，我要走进他们的生活。我能给予他们什么，我不知道，但内心的催促是焦灼而热烈的。我要来到孩子们的身边，我要让他们知道我对他们的爱，我要告诉孩子们：你们的生活一样可以被爱所滋养。"

　　姑娘走了，带着她那颗悲悯的女儿心走向了大山，去触摸大山的孤寂与清冷。她走向大山深处的荒凉与寂寥，她要面临的是一场艰苦卓绝的人生考验。姑娘留在了大山里，而且留了很长很长时间，以至于大山里的老奶奶都知道了每个夜晚点灯写字的女孩。她灯下的朦胧倩影柔柔地散发着美的光芒，所以，大山里的老奶奶在夜晚无法入睡的时候,会去看一看灯下的女孩。在那里,老奶奶能找到一点儿自己曾经青春的美感。大山里的孩子知道他们的女老师是来自人间的天使,因为女老师给他们带来了街舞、文学,还有漫画。大山的孤寂已经让山里的孩子变得沉静,甚至是有些呆滞。但女老师说:"外面的世界五光十色,所以每个孩子都应该追逐彩虹般绚烂。"街舞、漫画、文学,让大山里的孩子有了别样的幸福。所以,女老师是大山里的孩子们眼中的神话——美丽,富有传奇色彩。

在我15岁的时候,有一次父亲和他的朋友们举行了聚餐活动。就在他们玩得正高兴的时候,警车的鸣笛声打破了屋内的沉静。父亲的一个朋友被警察带走了,所有的大人都惊呆了,而作为还是未成年的我和燕子(父亲朋友的女儿),更是吓得不知所措。就在那一刻,燕子依偎在窗台上,身体似乎在瑟瑟发抖。看到孱弱的燕子,我的内心一阵茫然,但随即有一种强大的力量在激励着我的心灵。我自己在默念:"我要做男子汉,不能做软弱的小男孩。"之后,我拿起一件衣服,走向燕子,我将衣服搭在她的肩上,用右手将她搂在怀里,轻声对她说:"没事的,别怕。"燕子靠在我的胸膛上,就像一株藤蔓对一棵大树的依偎。在那一刻,唤醒我的是小男子汉的力量,这种力量驱使我给惊吓中的燕子一种强有力的保护。一切的惊吓与恐慌,都在我临危不惧的神情中得到了有效的缓解。夜里12点,燕子的父亲回家了,原来这是一场误会。这一次与燕子道别时,在小女孩的眼神里,有了

第七章 格局走向成熟，便是玫瑰花开

更多的感激与依赖。也许这就是爱的力量吧，不让自己身边的人受到一点儿伤害。

很喜欢作家张爱玲的经典诗句："因为爱过，所以慈悲；因为懂得，所以宽容。"因为这句诗真的可以成为我们每个人情感的见证。我们在彼此的交融中深切契合，相互敞开的心扉浸润着柔软与慈悲。相爱之中，真情与共，经历欢笑，也流过眼泪；经过挫折，也收获喜悦。但不变的是对彼此的包容与怜惜。有时虽然表面平静如水，但是在彼此内心深处都经历着烈火一般的煎熬，犹如火中的凤凰，在涅槃之中展现着最灿烂的火红色彩。

青葱岁月之后，我们已经懂生活、懂爱情、懂人生。在经历创业的沧桑与爱情的浴火之后，我们会在心里铭记："爱是一切创造的源泉。有爱就有一切，有爱就有幸福。"此刻，我又想起张爱玲的一句诗："于千万人之中遇见你所要遇见的人，于千万年之中，时间的无涯的荒野里，没有早一步，也没有晚一步，刚巧赶上了，没有别的话可说，唯有轻轻地问一句：'你也在这里吗？'"所以，我们都应该问一问当年青春岁月里，与自己擦出爱的火花的那个人："你是上帝派来唤醒我青春情愫的天使吗？"至于现在我们能说的，只有一句话："天涯海角，愿你安好；如若再相逢，彼此相视笑。"

深入大山的姑娘，用自己坚韧的理想之光照亮了自己的青春年华；我的15岁那年，用一份坚定的呵护之心诠释了何为男人的担当。我们的青葱岁月，都潜藏于我们最美好的记忆之中，无论何时回忆起来，都会是甜甜的、美美的。因为当年的我们，还不懂得何为世故、何为圆滑，只是将自己最真实的一面呈现了出来，有太多的羞涩和懵懂。可就是这份青涩与这份朦胧，将成为我们一生为之追忆的美丽情愫。

既要显露锋芒,也要融入团队

一个阳光明媚的早晨,父亲把四个儿子都叫到身边。四个儿子侍立在父亲的身边,恭恭敬敬的。只见堂屋中间,一件五彩缤纷的长袍摆在地上,十分显眼。长袍的四个角上,各拴着一根绳子。兄弟四人心里直犯嘀咕,不知道父亲要做什么。

"你们看到这件拴着绳子的长袍后,一定会很奇怪吧。"父亲首先发话。

"是啊,我们不知道。"儿子们齐声应和道。

"我有一件宝贝,但是你们兄弟共有四人,我不知道该如何分。所以,我在长袍上拴了四根绳子。谁能用绳子将长袍拉到外面的石磨上,谁就能得到这件宝贝。"父亲认真地说道。

"啊,宝贝啊!"四个人一阵惊喜。

"那现在就开始吧。"随着父亲的一声令下,四个人立刻走向长袍,并快速地捡起绳子,各据一方,使劲往前拉。四个人往四个不同的方向拉,谁也不让谁。

"我是不会输的。"大哥大声地喝道。

"宝贝一定是我的。"二儿子也不甘示弱。

"谁都不能跟我抢。"三弟愤愤地说道。

"我要宝贝,我要宝贝!"小儿子大声吼道。

长袍毕竟是布做的,哪里禁得起四兄弟这么使劲的拉扯啊。只听得"嘶啦"一声,长袍被撕成了四块碎布。

"怎么会这样啊?"四个人一阵叹息,满脸沮丧。

"我这里还有一件长袍,只要把长袍放到石磨上,就能得到宝贝。你们自己看着办吧。"父亲神秘地一笑,接着从抽屉里拿出一件长袍,依然是五彩的,四个角同样拴着绳子。

这时,四兄弟不再鲁莽地去拉绳子,而是陷入了沉默。

"我们不能再这样拉扯绳子了,我们只有朝一个方向使劲,才能把长袍放到石磨上。"大哥说。

"那宝贝应该归谁呢?"二弟发问道。

"归我。"

"归我。"

……

四个人依旧争论不休,谁也不肯让谁。

此时,父亲脸色凝重,充满忧思。

"那只有把宝贝分成四份了,一人一份,这样最公平。"三弟提议道。

"好吧,只有这样了。"四人同声应和。

于是弟兄四人各拉起一个角,站在同一个方向,往同一个方向使劲，慢慢拉着长袍向门外走去。

四人合力，很容易就将长袍放到了石磨上。

"好了，可以拿到宝贝了。"四人欢呼道。

"爸爸，宝贝呢，拿出来吧。"大哥对父亲说。

"嗯，好的。"父亲应和着，不过脸上却略显愤怒。

只见父亲走进卧房，不一会儿，手里捧着一个红色的漆盒来到众人面前。

"打开吧，宝贝就在里面。"父亲冷冷地说道。

"我来打开。"

"我来打开。"四个人抢着漆盒，谁都不肯谦让。在众人的哄抢之中，漆盒滑落在地。只见一张小纸条在地上翻滚，上面有着清晰的黑色大字。

"没有宝贝啊，爸爸。"

"看纸条。"父亲厉声说道。

大哥弯腰捡起纸条，大声念道："兄弟同心，其利断金；兄弟友爱，情如珍宝。"

四个人互相对望，羞愧地低下了头。

父亲站起来，严肃地说道："就为了一个所谓的宝贝，就让你们如此争斗不休吗？大哥的手有皲裂，在拉绳子时已经流血了，你们没有看到；四弟最近严重感冒，在拉绳子时，还在不停地咳嗽，你们也没有听到。你们可知道，人世间最大的宝贝，就是兄弟同心啊。"

父亲说着，已是泪眼婆娑。

兄弟四人低头不语，心中已感慨万千。

父亲的这次教训，让四兄弟刻骨铭心。从此以后，他们之间更加友爱，更加亲密了。因为父亲已经老了，是需要他们站起来担当重任的时候了。

上面的这个小故事告诉了我们团队合作的重要意义。在团队里，我们可以学会与他人合作，学会与他人分担，学会与他人分享。当然，要想融入团队，我们首先要学会承担自己的责任，然后还要背负起他人的重担。因为只有自己主动担责，才不会成为团队的累赘；而只有愿意分担他人的重担，才可以成为团队的价值股。团队合作，会不断磨去我们的傲气与棱角，会进一步滋生出我们宽和与忍耐的美好品格。

在团队中，成员之间可以经验分享，彼此勉励，互相扶持，达到共同进步的目标。与此同时，团队不仅是一种精神力量的共融，还可以达到资源共享、利益共享、福祉共享的目的。这样，团队成员的积极性会更强，动力也会与日俱增，真正达到"要我做"向"我要做"的奋进模式。这就是大家所推崇的温馨的"家文化"之彰显。

任何一个团队，需要的不是个人英雄主义，而是更多的可以融入集体，为集体分忧的合作者。说到底，团队文化就是两个成语的融合：众志成城、同舟共济。

不同的境界造就不一样的人生

在思考之余，我想到了老鹰和小鸟这两种动物。这两种动物有着极为迥异的习性，我们可以在它们不同的生活方式里看到两种不一样的生命境界。

老鹰在奋力飞往高处，直至云端。小鸟却在田野、花丛间自由飞翔。

老鹰有一个目标，那就是追逐天上的光华，且在不住地向上攀登。小鸟却似乎没有目的地，自由散漫地飞翔着，它在大地上寻找着小小的快乐。

老鹰如同一个陷入沉思的老者，你远远地望着它，会有太多的深邃与思索。它那身在高处的身影，似乎也布满着皱纹与岁月的印痕。小鸟却如同一个快乐的孩子，在你的面前悠然，不设防，如此亲近地让人感受到它的欢乐。

中国的文人墨客却更青睐于小鸟。

"留连戏蝶时时舞，自在娇莺恰恰啼。"

"两个黄鹂鸣翠柳，一行白鹭上青天。"

诗人笔下的小鸟轻快自由，而诗人自己也渴望有小鸟一样的情趣与欢乐。但现实是残酷的，越来越多的人被生存的压力、人际关系的破裂、贫病的打击折磨得心力交瘁、伤痕累累。人本来应该是冲破现实，去追寻心灵的自由与丰盛，但人们却本末倒置，为了适应现实，而让心灵承受奴役与禁锢之苦。哪里才是人们得到休憩与安息的家园呢？

小鸟将会在黎明时歌唱，越唱，黑暗和乌云就越是远离。而此时，雄鹰正展翅腾飞，它将穿越乌云，去追逐太阳的影子。

老鹰和小鸟，两种生命个体，两种不一样的生命境界。我们不能评判究竟哪种境界更优越，因为老鹰有其思考与探索的潜能，而小鸟也自有其悠然自得的哲学内涵。无论是思考的凛冽，还是自由的恬淡，都是一种生活方式，也是一种生活选择，更是一种生活态度。只要老鹰在思考中始终飞向阳光的方向，那么它的思考就是极具生命意义的，也是值得钦佩的。而小鸟只要在飞行中永远保持自由的心态，它就是一位为自由而生、又为自由而战的生活勇士。

下面，我再讲一个关于艾滋孤儿的故事，看他的生命境界是如何蜕变的。强子的父母皆是死于艾滋病，病魔无情地夺去了他们的生命，父母的坟茔，矮小而杂草丛生，12岁的强子坐在那里，脸上闪现出近乎决绝的阴冷。微风中，他用一把刻刀在手臂上刻下了殷红的两个字"仇杀"。鲜血滴下，男孩似乎感觉不到任何疼痛，任由仇恨的魔障在心底层层蔓延。他痛恨那个血头，是他

第七章　格局走向成熟，便是玫瑰花开

们为了暴利而将自己的父母送上了鬼门关。肉体的疼痛，已经被心灵的仇恨之火所蒙蔽。这是一个闭塞的男孩，甚至为了仇杀，他可以将自己牺牲。他没有自己，甚至将自己轻视！一个没有自己的男孩，心灵将陷入无尽的荒漠。

有一位老人，今年72岁了，是一位退休医生。她没有享受退休生涯的悠然，而是以一名斗士的形象深入艾滋腹地。调查、走访之后，她震惊与哀痛，她为艾滋村的荒凉而哭泣，她为艾滋孤儿的哀伤而沉痛。她真诚，她柔弱，她有炽热的爱与怜悯，人们都叫她高奶奶！高奶奶遇到了男孩强子。老人小心翼翼地走近他，生怕触碰到男孩心房里那一抹伤痛。强子有些闭塞，有些沉寂，也有一些叛逆，甚至还有一些调皮捣蛋。周围人对他有一些批评与责备的声音，但是在高奶奶这里，他看到的永远是一脸恬淡的微笑。笑容里带着无限的接纳、包容与认可！

曾经的强子饱受着这个社会的冷眼与漠视，但是今天，在高奶奶的温暖怀抱里，他感知到了人类最动人的词汇——爱！在强子与高奶奶相处的第三个月里，强子将手臂上的"仇杀"二字清除了。在一位纹身大姐的帮助下，一朵玫瑰正在男孩的右臂上悠然绽放。那时，正是玫瑰开放的季节。在荒芜心田里绽放的玫瑰，是有深度的，也是有厚度的，因为这是无数个黑夜里练就的美丽颜色。强子的这一朵玫瑰，也是经历了时间的考验与磨炼后，才慢慢地开出了美丽的花朵。

从仇恨到玫瑰，从黑暗到光明，男孩强子的生命境界有了质的飞跃。在仇恨中,他将自己的心灵萎缩至阴暗的角落;而在玫瑰花开中,他在自己的心灵中迎来阳光。当人生境界改变时,我们的人生也就开阔了,我们的眼睛也就明亮了,我们的心灵也就获得了前所未有的清晰与明朗。

懂得感恩，与爱相遇

"一个懂得感恩的人，必定是一个心境柔和的人，也必定是一个心灵美丽的人。当他把感恩之情流露于外表的时候，随之而来的将会是上苍更多的赐予。"文学祖母冰心的这句感恩的名言，深深地打动了我。在今天这个物欲横流的社会，我们听到了太多的抱怨与哀泣，全是关于阴郁与幽暗的。谁还能想起感恩的心境？谁还能施予感恩的情感？感恩是一种智慧，更是一种境界！一个懂得感恩的女子是美丽的，一个懂得感恩的男子是迷人的。

他大学毕业时，已经29岁。他应该去闯荡天涯，他应该去开拓未来，但是他不能，他只能坐在轮椅上，不能下地走一步。他的双手连举起一双筷子的力量都没有，他的吃喝拉撒全靠50多岁的妈妈来照料。更痛苦的是，他不能说话，他不能向世界表达他的爱恨情仇和喜怒哀乐。生活剥夺了他全部的光彩和绚丽。

当我听说他的故事时，我表现出了深切的同情，想迫不及待地去看望他。原本我以为，他和他的妈妈会是糟糕和悲哀的，我想他的家里一定充满了悲凉的气氛。但是你不知道，这样的一对母子将会给你带来怎样的一种震撼。为了生活，他们把自己的房子出租出去，自己就住在车库里。小屋不大，却被收拾得干净整洁，给人一种特别温馨的感觉。他的妈妈并没有抱怨生活，也没有向我们诉说哀伤。她的脸上堆满了笑容，那是一种令人十分舒适的笑容。她说她的经济在一天天地好起来，她说她儿子的病情也再一天天地好转。她说她很感恩。你能相信吗？她居然在感恩，是的，你没有听错，她是在感恩。这样一位母亲，她看到的是生活的希望，她在勇敢地朝前走，她并没有被困难所压垮。在那一刹那，我忽然觉得这位妈妈身上闪现着美丽的光芒。你看，他的儿子也不是很糟糕，身上的衣服清清洁洁，他妈妈把他打扮得像个绅士，颇有点儒雅的气质。更可喜的是，他的脸上不是黯淡无光的，他在对我们笑，他的笑容那么有感染力，那完全是被浸润了甜蜜的。他真的不能说一句话，但我相信他的内心一定是激情澎湃的，他在对我们说：我在抗争，与苦难抗争，而且我一直在努力着做一个强者。是的，他做到了，他活着，他可以笑着活着。

他们一家在困境中，依然可以心存感恩地活着。想到我们自己，我们更容易抱怨，更喜欢愤怒。我们抱怨孩子不听话，我们会说自己的命不好，甚至面对我们的父母，我们都在不满意之中，总认为父母的千般好都是应该的。我想问大家一句，你们有多久没有感恩了？告诉你，那位轮椅男孩名叫郑海东，他真实地活在我们身边。看看郑海东，如果你可以走路，你就要感恩；如

第七章 格局走向成熟,便是玫瑰花开

果你可以说话,你就要感恩;如果你拥有亲人的关爱,你更要感恩。

是的,你要感恩,不要生活在抱怨和哀愁里,因为生活不是糟糕的,生命不是悲哀的。记住,郑海东他在笑。所以,我身边的朋友们,请重拾感恩的心境,充满信心地奔向前方的路。

感恩上苍阳光雨露的恩惠,感恩父母无微不至的关爱,感恩来自陌生人每一个温馨的微笑。

你很幸运,因为上天赐予你的,比这个轮椅男孩多很多很多。

想想,你已经多久没有感恩了?

从改变他人到改变自己

"知心姐姐"卢勤有一次来到一所小学讲课。她问孩子们:"你们知道怎样才能把一个鸡蛋弄碎吗?"有的孩子说:"把鸡蛋磕碎。"有的孩子说:"把鸡蛋摔碎。"有的孩子说:"把鸡蛋捏碎。"这时卢勤给孩子们一个提示:"你们这些都是从外面打碎的方法,有没有人能想出从里面破碎的方法?"此时一个小女孩灵机一动,她站起来说:"我妈妈说孵小鸡的时候,小鸡就是从鸡蛋里面出来的。"卢勤对孩子们说:"是的,从外面打碎的叫压力,唯有从里面破碎的,才叫成长。我们无论怎样从外面打破鸡蛋,得到的只能是食品,只有从里面出来的东西,才叫生命。"

马云说:"改变他人很难,改变自己也很难,但只有改变自己,才会有希望。"

南非前总统曼德拉在年轻时具有雄心壮志,想要改变身边的人,甚至是改变世界。他每天都在忙碌奔波,耗尽心力地做着各种努力,可是当他把自己弄得心力交瘁的时候,却发现别人并没有改变，甚至很多人对他表示排斥、怀疑与淡漠。他很失望，也很苦恼，一度陷入迷惘与无助之中。直至有一天，当他来到一位前辈的坟墓前哀悼时，发现墓志铭上写了这样一句话："曾经我试图改变他人，可是这几乎比登天还难。后来我开始改变自己，才知道这才是生命之真谛。"这句话让曼德拉豁然开朗，解开了困扰他多年的难题。从此以后，他不再试图改变他人，而是努力改变自己。因为当他人自私、蛮横时，我们可以不必愤怒，而是试着让自己用理解与宽恕去对待他人，那么我们不但释放了自己，他人或许因为我们的大胸怀而有所醒悟。

当然，改变不是一朝一夕就能完成的，因为一切美德与智慧的养成，都需要时间的积淀与实践的淬炼。由于人们的因循守旧，总是在权衡利害，畏畏缩缩，缺乏敢闯敢拼的精神。时间一长，便滋生了惰性，失去了热情，问题也就永远成为解决不了的老大难。要想自己有所改变，我们就要做到敞开心扉、开阔视野，有一颗包容万象的心，只有这样，我们才能在世界的大潮之中坚定立足。

改变自己的第一步，就是承认自己的不足与缺陷，即看清自己的本相，因为只有先认清自己，才能真正地改变自己。第二步就是要循序渐进，遵循自己生命的规律，切不可盲目或是急于求成。第三步就是要有所坚持，还要知晓进退。当你由暴躁变得温柔，你身边的人也会因你而恬淡；当你由苛刻变得大度，你身边的人也会因你而开朗；当你由迷茫变得充满信心，你身边的人也会从你这里收获希望与信心；当你的生命真正发生改变的时候，世界也会因为你而变得更加美好。

第七章　格局走向成熟，便是玫瑰花开

接受自己本来的样子

有一个女人，出生于贵族，言谈举止间尽显优雅之色。后来，她的家庭遭遇变故，变得穷困潦倒。她后来嫁的丈夫也是一个落魄的小皮匠，经济极为拮据。可是这个女人不仅每天都把自己打扮得清爽整洁，还用从山上采来的野菊花装扮自己的小屋。有时，她还邀请丈夫跳上一段交际舞。虽然生在山野，可是这个女人却一直拥有艺术般的优雅，她一直活在女人的美丽之中。在优雅之中生存，并在优雅之中老去。

这是我的一位老师给我讲的一个故事。女人生活在古老的年代，虽然古人悠远，但我却能感受到幽幽的女儿馨香。每个女人都可以在自己的生活中注入爱的元素。有爱的女人可以相信爱、传递爱，并活出爱。可以这样说，女人一生的使命就是爱——为爱而生，为爱而活，因为女人本身就是爱的化身，亦是爱的使者。正如《圣经·雅歌书》里所说的："爱情，众水不能熄灭，大水也不能淹没。"这是一种神圣之爱、永恒之爱、灵魂之爱。我们要相信在每一个平凡女子的心中，都隐藏着一抹纯净的善意，只要她能得到应有的尊重、自由与爱,那么她就一定能够做到自信、自强和自省,到那时,这位女子就是自带光芒的美丽天使。

老师的那个故事,是我生命的转折点,亦是对我的拯救!看,那个古时的女人,她缺金钱、缺享受,但是她却从不缺少美丽。我想,她内心是多么坚韧啊!可是今天,我的心灵却如此脆弱,一句批评就能使我沮丧,一个冷眼就能使我低迷,一个诱惑就能使我沉沦。

日本作家金子美玲的童诗弥漫着感伤,笔下注满了一生的悲凉,但她依然"要向着明亮的一方":"哪怕是分寸的宽敞,也要向着阳光照射的地方。"这又是一个女人的美丽。这样的美丽,多少有些倔强,更有些决然,却也如铿锵的玫瑰。是的,我不能被现实所吞灭,我不能被琐碎所俘虏,我要一直在寻找希望的路途上,不能停止。

也许我可以对同事们说一些真心话,不用那么做作虚伪;也许我可以在闲暇之余去喝喝茶,看看书,不用那么拼命工作;也许我还可以写一写诗歌,画几幅漫画,不用那么功利地做每一件事。是的,很简单,改变从说真话开始,改变从身边的每一件小事做起。

有一天,你再看见我的时候,我不再是紧皱的眉头,游离的眼神,匆忙的语言。我会深情地注视着你,满脸绽放微笑,并认真倾听你的诉说与故事。我还会轻轻地挽拉着你的手,与你一起去踏青。在繁忙之中寻找心灵的休憩,我将在岁月划过的脸庞上

第七章　格局走向成熟，便是玫瑰花开

留下宁静与悠远的印痕。

做人可以很贫穷，却不可以潦倒；

人生可以很忙碌，却不可以凌乱。

明白宁静致远的妙曼，心中才能拥有朝阳、露珠和永不衰败的鲜花。要知道，唯有白云才可以自由穿梭在茫茫天际；而人生的倩影，只是落日余晖下的一点殷红，一丝朦胧！

格局是耕耘，结局是果实

心有多大，舞台就有多大！

大格局可以是毛泽东同志笔下的："恰同学少年，风华正茂；书生意气，挥斥方遒。指点江山，激扬文字，粪土当年万户侯。曾记否，到中流击水，浪遏飞舟？"这可谓是气势磅礴，目标远大，一眼可以望见世界的恢宏。

大格局也可以是诺贝尔和平奖得主阿尔贝特·施韦泽所说的："人不能单独谈爱的教义来表现自己，必须做个实践的人，把教义行使出来。"这乃是生命在炼净浮华与渣滓之后，表现出来的仁爱情怀与大爱光芒。

大格局也可以是台湾女作家龙应台笔下的："我慢慢地、慢慢地了解到，所谓父女母子一场，只不过意味着，你和他的缘分就是今生今世不断地在目送他的背影渐行渐远。你站在小路的这一端，看着他逐渐消失在小路转弯的地方，而且，他用背影默默告诉你：不必追。"那是生活凝练的细腻情怀，更是生命锤炼的母性光辉。

第七章 格局走向成熟，便是玫瑰花开

下面我所讲的这个故事就是一位父亲用自己心境的大格局，来为儿子的未来开辟出一条又新又广的生命之路。

在卢晓强很小的时候，他的父亲就在外打工，父亲和儿子之间的距离很远很远。在卢晓强 18 岁的时候，他的妈妈因病去世了，他的父亲回归家庭。可是，此时的父亲和儿子没有一点情感的交流。儿子卢晓强成为一名问题青年，打架、闹事、沉溺于网络。邻居们都说他不是一个好人。父亲不理会邻居的议论，依然每天给儿子做饭，洗衣。父亲回到家后，开始种田。但是儿子看不起农民，总是讽刺父亲，父亲沉默无言，总是默默地干着手中的活计。在卢晓强 20 岁生日那天，他对父亲说他要远走他乡，闯荡世界。父亲默默地为他的远行准备着行李。

两年以后，父亲听到了一个噩耗——儿子因为诈骗，被关进了监狱。父亲在暗地里默默流泪。父亲默默地走访被儿子诈骗的那些人。他再次外出打工，是为了挣钱还上儿子诈骗的钱。这是一个父亲的承诺，亦是一个父亲的守望。

儿子出狱以后，那些被卢晓强欺骗的人还愿意继续跟他交往、做朋友。他开始还感到很纳闷，后来知道了在他入狱的这些日子里，父亲每天都辛苦地搬砖、蹬三轮，就是为了帮他还债。卢晓强在那一刻，才知道什么是人间信义，也懂得了什么是父爱深沉。从此，儿子跟着父亲一起种地、干活，因为他们还有一些债务没有还上。今天，不再是父亲一个人的劳作，而是父子俩并肩协作的共同前行。

自我与世界，本身就充满着许多矛盾与纠葛，我们需要用勇气、信心与智慧来将两者达到一种平衡的状态。而从格局到结局，其中必须要经历许多的波折与磨炼。可以这样说，大格局的孕育过程，就是一个人自我成长、自我完善的奋斗史。只有一个全新、真实、正能量的自我才能撑得起整个人生，而开阔、广袤、无限量的大格局就是撑起整个人生的奠基石与守望伞。让我们在前行之中将心之所想、行之所向，用人生的大智慧、大格局来完成，以便拥抱一个趋于完美的自我，迎接一个近于灿烂的明天。